"本科教学工程"全国服装专业规划教材

高等教育"十二五"部委级规划教材

# 服装构成原理

FUZHUANG GOUCHENG YUANLI

陈明艳 主编



化学工业出版社

·北 京·

“服装构成原理”是高校服装专业的一门基础核心课程，既是服装结构设计的入门课程，也是服装结构设计的基础理论。

本书以新文化原型（第八代文化原型）的结构应用设计为主，主要讲述了服装结构基本知识与服装部件结构变化原理。具体内容包括成衣概况与结构方法简介、服装结构基础知识、服装基础结构制图、衣身结构变化原理、裙子结构变化原理、领子结构变化原理、袖子结构变化原理。各章内容主要解析了服装基本造型结构、变化造型结构及时尚造型结构设计，并以图示的形式直观地展现了结构变化的实现过程，便于读者掌握。

本书选取的款式实例紧跟服装时尚流行趋势，解析了时尚款部件的结构变化。

本书既可作为服装专业本科教材，也可作为服装部件结构变化的工具书，适合服装从业人员和服装爱好者学习服装结构设计的参考书。

**图书在版编目（CIP）数据**

服装构成原理/陈明艳主编．—北京：化学工业出版社，2014.1

“本科教学工程”全国服装专业规划教材

高等教育“十二五”部委级规划教材

ISBN 978-7-122-18936-3

Ⅰ.①服…　Ⅱ.①陈…　Ⅲ.①服装-构成-高等学校-教材　Ⅳ.①TS941.2

中国版本图书馆CIP数据核字（2013）第265181号

责任编辑：李彦芳　　装帧设计：史利平

责任校对：宋　夏

出版发行：化学工业出版社（北京市东城区青年湖南街13号　邮政编码100011）

印　　装：化学工业出版社印刷厂

787mm×1092mm　1/16　印张10　字数256千字　2014年3月北京第1版第1次印刷

购书咨询：010-64518888（传真：010-64519686）　售后服务：010-64518899

网　　址：http://www.cip.com.cn

凡购买本书，如有缺损质量问题，本社销售中心负责调换。

**定　　价：28.00元**

# “本科教学工程”全国纺织服装专业规划教材

# 序 Preface

教育是推动经济发展和社会进步的重要力量，高等教育更是提高国民素质和国家综合竞争力的重要支撑。近年来，我国高等教育在数量和规模方面迅速扩张，实现了高等教育由“精英化”向“大众化”的转变，满足了人民群众接受高等教育的愿望。我国是纺织服装教育大国，纺织本科院校 47 所，服装本科院校 126 所，每年两万余人通过纺织服装高等教育。现在是纺织服装产业转型升级的关键期，纺织服装高等教育更是承担了培养专业人才、提升专业素质的重任。

化学工业出版社作为国家一级综合出版社，是国家规划教材的重要出版基地，为我国高等教育的发展做出了积极贡献，被新闻出版总署评价为“导向正确、管理规范、特色鲜明、效益良好的模范出版社”。依照《教育部关于实施卓越工程师教育培养计划的若干意见》(教高［2011］1 号文件)和《教育部财政部关于“十二五”期间实施“高等学校本科教学质量与教学改革工程”的意见》(教高［2011］6 号文件)两个文件精神，2012 年 10 月，化学工业出版社邀请开设纺织服装类专业的 26 所骨干院校和纺织服装相关行业企业作为教材建设单位，共同研讨开发纺织服装“本科教学工程”规划教材，成立了“纺织服装‘本科教学工程’规划教材编审委员会”，拟在“十二五”期间组织相关院校一线教师和相关企业技术人员，在深入调研、整体规划的基础上，编写出版一套纺织服装类相关专业基础课、专业课教材，该批教材将涵盖本科院校的纺织工程、服装设计与工程、非织造材料与工程、轻化工程(染整方向)等专业开设的课程。该套教材的首批编写计划已顺利实施，首批 60 余本教材将于 2013-2014 年陆续出版。

该套教材的建设贯彻了卓越工程师的培养要求，以工程教育改革和创新为目标，以素质教育、创新教育为基础，以行业指导、校企合作为方法，以学生能力培养为本位的教育理念；教材编写中突出了理论知识精简、适用，加强实践内容的原则；强调增加一定比例的高新奇特内容；推进多媒体和数字化教材；兼顾相关交叉学科的融合和基础科学在专业中的应用。整套教材具有较好的系统性和规划性。此套教材汇集众多纺织服装本科院校教师的教学经验和教改成果，又得到了相关行业企业专家的指导和积极参与，相信它的出版不仅能较好地满足本科院校纺织服装类专业的教学需求，而且对促进本科教学建设与改革、提高教学质量也将起到积极的推动作用。希望每一位与纺织服装本科教育相关的教师和行业技术人员，都能关注、参与此套教材的建设，并提出宝贵的意见和建议。

**姚 穆**

**2013. 3**

# 前言

Preface

随着我国服装产业的发展，服装加工技术日新月异，服装造型千变万化、层出不穷。而优美的服装造型、赏心悦目的时装源自完美而精确的板型，所以服装制板技术是服装造型的关键。精确的板型设计技术源自科学的理论基础，服装制板技术的基石就是服装结构原理。由此，笔者结合多年的教学实践和实际经验编写了本教材。

本书的编写宗旨是重视基础，抓住规律，系统全面，由浅入深，分析透彻，开拓创新，通俗易懂，科学合理，适用性强；在内容和形式上做到图文并茂，简明扼要，使学习者能对照图文灵活运用，把书中的结构知识转化为技能，在服装结构样板设计实践中能举一反三，充分发挥创新思维，创造出更多、更时尚的服装板型。

本教材基于国内现有教材和新文化原型（第八代文化原型）结构法，依照教育部“卓越工程师计划”的服装设计与工程本科专业的卓越应用型人才的办学要求编写，旨在提高学生的综合素质与职业能力，强调学生动手能力与创新思维的培养模式，体现“知识、能力、素质”的教育质量观。本教材有以下几方面的特点。

1. 采用新文化原型。20 年来，日本文化原型制板技术在我国高校应用广泛，具有普及率高、科学系统的特点，尤其适合结构设计原理的分析与教学。目前应用较广的文化原型是第七代（称旧原型）和第八代（称新原型）。旧原型虽然结构简单、变化方便，但胸凸省与胸腰省含糊，概念不清晰，不易分析透彻；新原型结构更细化、更严谨、更科学合理、更适体。本教材以新原型法为主，阐述新文化原型的基本结构、变化原理及服装结构设计技巧。

2. 增加时尚款例，丰富知识点。以往的服装结构教材选择的款式比较保守，款式显得过时。本教材编写力求理论体系科学简明、内容精练、重点突出，着力反映时尚服装发展的新动向，各章除女装种类的经典款例外，还列举近年来时尚流行的服装款式造型的结构设计，使教材内容更加新颖丰富；注重学生创新思维和市场意识的培养，从而提高学生的学习兴趣，达到技能型、实用型服装人才培养的基本目标。

3. 配有思考题和形式多样的实操训练。重点训练学生实操能力的突破口，实现实践技能与理论知识的整合，增强教材的可读性和自测性；启发学生深入思考，培养学生的创新思维和市场意识，既适合教学，也适合行业从业人员阅读。

全书由温州大学美术与设计学院陈明艳教授主编，孙莉老师担任副主编。第一、第二、第六、第七章由陈明艳编写；第三、第四、第五章由孙莉编写；第七章第四节高广明参与编写，本书所有的款式图由陈明艳绘制提供。本教材的编写与出版得到了化学工业出版社的协助，温州大学重点教材建设基金项目的资助，在此一并表示感谢。

教学改革、教材建设任重而道远。由于时间仓促、水平有限，难免有错误和疏漏之处，欢迎专家、同行和广大读者提出批评与改进意见，不胜感激。

**陈明艳**

**2013 年 8 月**

目录
Contents

# 第一章 绪论

【学习目标】通过本章学习，了解服装分类、成衣概况与发展，了解服装构成要素、影响因素与构成流程，了解服装结构设计的方法与特点。

【能力设计】充分认识服装结构设计的要素，并按结构设计的知识结构进行能力的培养。

## 第一节 服装与成衣概况

### 一、服装与成衣

服装是使用适当材料制作，可以穿着运动，具备一定功能的人体包装。由于穿着的目的与要求不同，服装的形式多样。原始人的树皮、树叶是服装，汉代的大袖宽袍是服装，宇航员的太空服也是服装。当然，日常生活中人们不会穿树皮、太空服等，穿得最多的是“成衣”。

成衣是现代服装工业的产物，是按一定规格尺寸标准，批量生产的服装产品。人们在市场上选购的服装一般都是成衣，成衣的设计与制造水准，可以衡量一个国家服装工业的发达程度。所以说，成衣是服装产品的主体。除批量生产的成衣之外，服装产品还包括单件定制的时装和家庭作坊生产的简易服装。

### 二、服装种类

**1. 按性别分**

按性别服装分为男装、女装和中性服装。男装一般倾向庄重、稳定、挺拔的风格，结构设计多采用直线造型。女装强调秀丽俊美和体态变化，多运用曲线造型。中性服装为男女通用形式，不体现性别特征，造型宽松，适用面广。

**2. 按年龄分**

按年龄服装分为童装、少年装、青年装、中年装和老年装。由于儿童处于发育期，身体变化大，童装又细分为婴儿装（0～12 月）、幼儿装（1～5 岁）、学童装（6～12 岁）。

**3. 按场合分**

按穿着场合服装分为礼服、日常正装、职业服、休闲服、家居服、运动服、特殊服等。

**4. 按着装状态分**

按着装状态服装分为背心、内衣、裙子、裤子、上衣、连衣裙、大衣、风衣以及套装等品类。

## 三、成衣纸样

**1. 概念**

成衣纸样是现代服装工业样板（Pattern maker）的专用术语，含有标准、模板等意思，是指用于服装工业生产的所有纸型，是成衣工艺与成衣造型的标准依据，即系列样板（图1-1），纸样是服装工业化、商品化的必要手段。

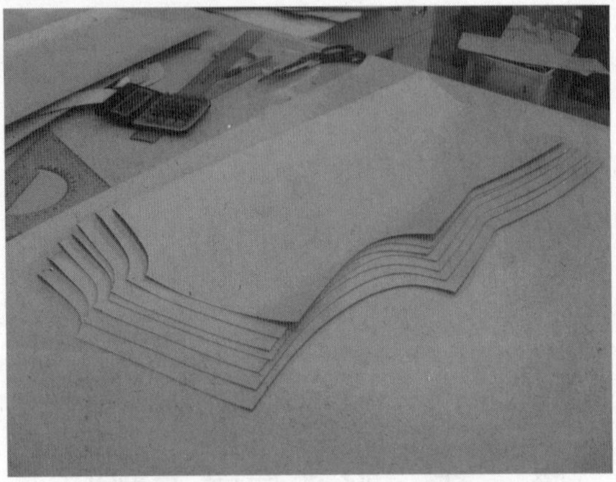

图 1-1 按规格绘制的系列样板

现今，在成衣加工中，服装设计制作往往通过纸样来实现，借助纸样得到裁片，再将裁片缝制加工成服装。服装结构设计图最终要转换为纸样，才能用于服装工业化生产。

**2. 纸样的产生与发展**

19 世纪初叶，欧洲妇女崇尚巴黎时装，因价格昂贵而望而不及，时装店商人把时髦服装复制成纸样出售，因此纸样成了一种商品。1850 年英国《时装世界》杂志社开始刊登服装裁剪图样；1862 年美国裁剪师伯特尔 · 理克创造了大小不同的服装纸样进行多件加工，即现在服装工业样板的前身。

成衣工业产生于 19 世纪初，欧洲资本主义近代工业兴起，近代工业的发展使社会经济得以发展，并带动了服装工业的兴起（即缝纫工业的产生）。同时，纺织机械的发展也促进了旧工艺的改进和新工艺的产生，成衣工业从手工艺时代开始，经过了机械化时代、电动化时代、自动化时代。

**3. 纸样的工业价值**

纸样的价值是随着近代服装工业的发展而确立的，纸样是服装样板的统称，包括：批量生产——工业纸样、定制服装——单款纸样、家庭使用——简易纸样、地域性或社会性（中式、日式、英式、法式、美式等）——基础纸样、肥胖型、细长型——特体纸样等。

由此可见，服装工业化造就了纸样技术，其发展与完善又促进了成衣社会化的进程，繁荣了时装市场，刺激了服装设计与加工业的发展。因此，纸样技术的产生被视为服装行业的第一次技术革命。

**4. 纸样设计的意义**

纸样设计是服装造型中的技术设计，是服装构思设计具体化，是加工生产的物质和技术条件，因此，纸样设计在服装造型设计过程中起着重要作用。

工业造型结构设计作用于物体，而纸样设计依据人，不能把纸样设计视为纯粹的物品的结构设计。纸样设计以人体的生理结构、运动机能为物质的结构基础，且是最大限度地满足不同种族的文化习惯、性格表现、审美情趣的要求，不能局限于一般的物体结构构成学的知识里，而要寻出它的特殊构成模型和结构规律。

## 四、服装板型的构成要素及构成流程

### 1. 服装板型的构成要素

服装板型的构成方式分为平面结构、立体造型两种。平面板型的构成理论，首先必须建立在立体造型至平面展开学说的基础上，在造型上划分单一可展开的区域及局部区域，再根据造型、款式、材料、力学、加工等因素，进行区域平面图形的组合，组合中多余、缺少的量再运用省、褶、裥、松紧带及推、归、拔等手段进行处理。

当板型无法与造型、款式、材料、力学、工艺等要素合理组合时，必须调整以上因素，否则，构成的服装造型会出现弊病。尤其是服装构成的材料、结构与工艺三大要素，相互影响、相互作用，其中结构是造型变化的核心，材料是载体，工艺是手段。本书重点介绍服装结构设计的构成原理。

### 2. 影响服装结构设计的因素

影响结构设计的因素包括款式设计因素、人体因素、面料因素、缝制工艺因素、人体运动因素以及穿着舒适感。各因素相互关联，相互制约。人体是服装设计制作的对象（基本条件），款式设计是对服装效果的构思、预想和策划，材料是服装结构设计与缝制的必备条件，制作是实现服装设计成功的手段。制作包括结构设计与缝制，两者紧密相扣，没有前期的结构设计，服装就无法裁剪缝制。影响服装结构设计的因素如图 1-2 所示。

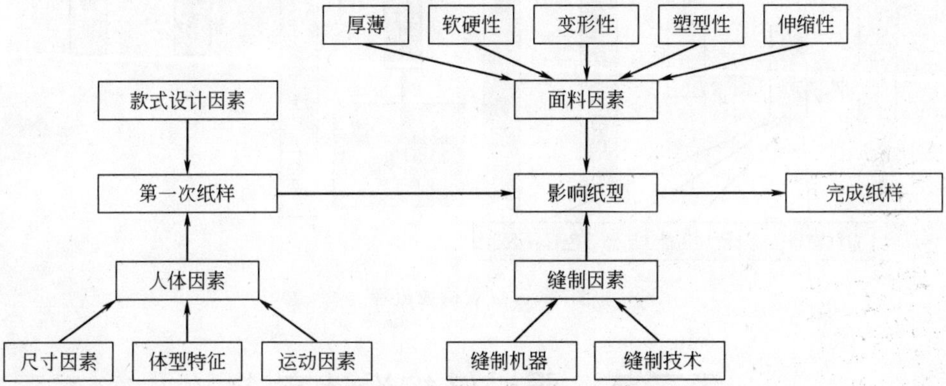


图 1-2　影响服装结构设计的因素

（1）款式

款式是结构设计的前提，即必须根据款式来确定各部件的形状，不能脱离款式随意更改。如服装的长短肥瘦、口袋位置、腰节高低、分割线的弯曲程度等因素，都应依据款式精确绘制。因此，结构设计者即板型师要有良好的比例感和敏锐的观察力。

（2）面料

服装面料品种繁多，面料本身的特性和造型能力也不一样。有的柔软飘逸、易贴附人体；有的硬实挺括、不易贴附人体。所以，一样的样板，用不同面料裁剪缝制，会获得不同造型。其次，弹力面料与无弹力面料的结构设计也有很大差别。

（3）工艺

缝制虽是结构设计的后续环节，但要预先考虑。如服装中的省、省份的倒向，以及贴边、包边、滚边等的工艺不同，裁片的廓形就不一样。所以，每个结构设计都要关注后道工艺，才能保证衣片顺利成型。

（4）舒适感

可以说“服装是人体的第二层皮肤”，这就要求服装穿着时要有良好的舒适性。既要满足人体排汗、透气、散热、保暖等生理需要，还要不刺激皮肤，触感舒适。

（5）运动机能

服装穿到人体上，就要肩负运动机能。人体的起立坐行都要求服装与之相适应，所以，服装结构设计必须满足运动的需要。例如为保证人的正常行走，旗袍、紧身裙必须开衩；口袋的大小、位置和角度的设计要适当、方便手掌出入。

（6）其他因素

除上述因素外，流行因素、社会心理因素、地域环境、审美标准等因素都会影响服装的结构设计。

**3. 成衣构成流程**

成衣构成流程如图 1-3 所示。

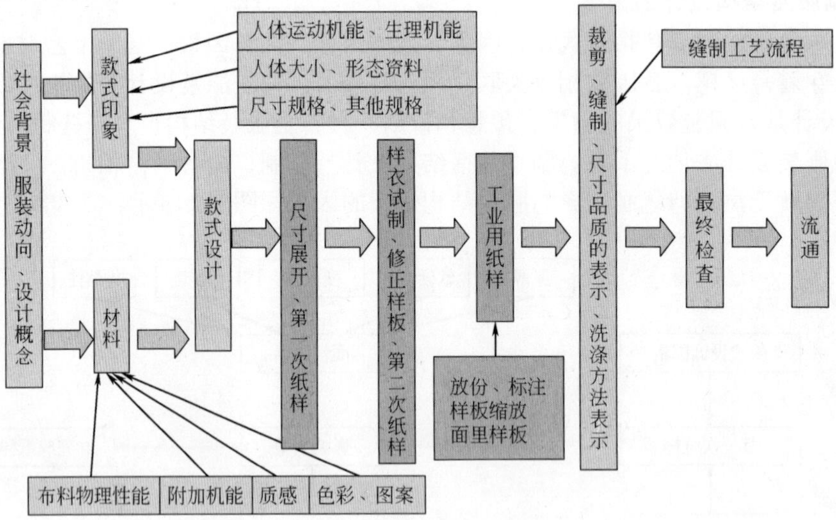


图 1-3 成衣构成流程

# 第二节 服装结构设计方法

服装结构设计又名服装构成设计，按结构设计方式不同，分为立体造型设计法、平面结构设计法、立体与平面结合法。

## 一、立体造型设计

**1. 概念**

立体造型设计是利用人台模型或以人体为依托，将布披覆在人体或人体模型上，利用大头针、剪刀等工具进行服装款式造型设计，边造型，边裁剪，直接反映出三维的服装立体效果，同时取得服装板型的一种技术。

**2. 简史**

立体造型设计也称立体裁剪，起源于欧洲。根据苏格拉底人的“美善合一”的哲学思想，古希腊、古罗马的服装便开始讲究比例、匀称、平衡、和谐等整体效果；中世纪，基督教强调人性的解放，直接影响到美学上，确立了“以人为主体、宇宙空间为客体”的立体空间意识；13 世纪中期，欧洲服装经过自身的发展，并吸收、融合了外来服装文化之后，对人体立体造型的感悟逐步加深，在服装上表现为三围立体造型的认识；从 15 世纪哥特时期的耸胸、卡腰、蓬松裙身的立体型服装的产生，至 18 世纪洛可可服装风格的确立，强调三围差别，注重立体效果的立体型服装就此兴起。尤其是 20 世纪初及中叶，以法国巴黎为中心的欧洲众多服装设计师娴熟地运用立体造型法，将其发挥得淋漓尽致，给世界服装艺术发展留下宝贵的遗产。

历经兴衰，直至今日，虽然服装整体风格不再过分强调夸张造型，但婚纱、礼服仍然承袭着这种造型设计思维。这种立体型服装的产生促进了立体造型技术的发展，而现代立体造型便是中世纪开始的立体造型技术的积聚和发展。

**3. 优缺点**

（1）直观性

立体造型具有造型直观、准确的特点，这是由立体造型方式决定的。无论服装款式造型如何，布披覆到人体模型上操作，在人体模型上呈现的空间形态、结构特点、服装廓型便会直接、清楚地展现在面前。由视觉观察人体体型与服装构成关系的处理，立体裁剪是最直接、最简便的裁剪手段。

（2）实用性

立体造型不仅适用于结构简单的普通服装，也适用于款式多变的时装。是一种不需公式、不受任何数字束缚，按人体体型、人体模型的实际需要来调剂余缺，达到成型效果。

（3）适应性

立体造型不但适合初学者，也适合专业设计与技术人员的提高。对于初学者，即使不会量体，不懂公式计算，如果掌握立体造型的操作程序和基本要领，便能裁剪衣服；专业设计与技术人员想设计、创造出好成衣和艺术作品，更应该学习和掌握立体造型技术。

（4）灵活性

掌握立体造型的基本要领，可以边设计，边裁剪，边修改。随时观察效果，及时纠正，达到满意效果。

（5）易学性

立体造型是以实践为主的技术。主要依照人体模型进行设计与操作，没有艰深的理论，更没有繁杂的计算公式，是一种简单易学、快捷有效的裁剪方法。

（6）局限性

立体造型的操作条件和成本相对较高。立体造型必须有配套的人体模型（人台），立体造型需要先使用坯布或者面料进行造型，造型成功之后再进行缝制，因此面料成本较高。因此立体造型常用于高级时装或者高级成衣等比较高档服装的制作。

## 二、平面结构设计

**1. 概念**

平面结构设计是通过对人体与服装的立体形态的剖析，在平面的纸上直接绘制结构图，获取服装样板（或直接在布上裁剪）的服装构成技术。

**2. 简史**

平面结构设计起源于东方。尤其是东亚，由于受儒家、道家哲学思想的支配，服饰文化表现含蓄，强调“天人合一”意象，即抽象空间形式。自我国周朝的章服至近代的旗袍、长衫，日本的和服等，在服装构成上倾向于平面裁剪技术。

**3. 结构设计方法**

随着服装业的发展，现今的平面结构设计有原型法、比例法、基型法、注寸法等构成法。

(1) 原型法

原型又叫母型、基型，是对人体曲面进行立体取样，作有限分割展开平面图，并加一定松量，通过优化处理获取基础样板，在此基础上按服装款式变化进行平面结构设计。改革开放以来，原型法是我国服装高等教育普遍采用的服装结构设计的教学法。

(2) 比例法

比例法是我国传统的结构设计法。以人体主要部位的尺寸为基础，按一定的比例公式确定服装各局部尺寸的平面结构设计。如比例公式分别有 $B/10$、$1.5B/10$、$B/8$、$B/6$、$B/5$ 等。此法适合常规造型服装，能快捷成型，但不适用于造型夸张、结构变化多的服装结构设计。此法也是服装结构设计教学中常用的方法。

(3) 基型法

基型法结合了原型法与比例法知识，形成各类服装品种的基本样板，在其基础上按服装品种款式变化，进行平面结构设计。它是服装企业较常用的快捷成型的结构设计法。

(4) 注寸法

注寸法即量体裁衣，是以人体实际测量的尺寸为依据，结合服装款式要求展开的平面结构设计，适合于高级时装、特体服装、制服等的单件服装定制。

**4. 优缺点**

平面结构设计是以公式计算为主，确定各部位的规格尺寸再绘制板型。与立体造型相比而言，其优点一是操作轻松省力，方便快捷；二是操作条件要求低，费用省；但其是利用人脑对人体的大小、形体特征、服装款式造型及空间的抽象思维展开的结构制图，对服装成型的立体效果难以准确预估，尤其遇到服装造型复杂的款式，可能难以解决或达不到理想效果，必须通过大量的实践验证、经验积累，技术才能越来越精湛。

综上所述，随着现代服饰文化与服装工业的发展，人们生活条件的改善，审美观念的改变，对服装款式、档次、品位的要求越来越高。时至今日，世界服饰文化通过碰撞、互补、交融，促进了服装裁剪技术的不断提高和完善。因此，立体造型与平面结构的交替互补使用，成为世界范围的服装构成技术。

**思考与练习**

1. 观察自己的服装，体会其款式、面料、工艺、舒适感、运动机能等因素对结构设计的影响。

2. 服装结构设计方法有哪些类型？各有什么特点？

# 第二章

# 服装结构基础知识

【学习目标】通过本章学习了解人体体表特征和人体测量、服装号型规格等知识，并掌握人体测量的基本操作方法，了解服装制图工具，学习与掌握服装结构制图的基本常识、制图要求与规范，为后期的服装结构制图打好基础。

【能力设计】掌握人体测量的操作能力和正确使用服装号型的能力，掌握服装结构制图的规则，正确识别和使用结构制图的基本符号和部位代号。

学习服装结构设计与纸样制作首先要掌握服装结构制图的依据和制图基础知识。服装结构制图是以人体体型与运动功能、服装规格、服装款式、面料质地性能和工艺要求为依据，运用服装制图方法在纸上或面料上画服装衣片和零部件的平面结构制图，或基于人体模型的立体造型设计，然后制成样板。

## 第一节　人体体型特征与人体运动

### 一、人体比例

不同年龄段人体的比例是不同的，如图 2-1 所示。

**1. 男性**（正常）

男性身高一般约 7 个半至 8 个头高。分配比例是头顶—下巴—胸下—腰节—耻骨（臀下）—大腿中部—膝下—小腿下—足（半个头高）。

**2. 女性**（正常）

女性身高一般约 7 个至 7 个半头高。分配比例是头顶—下巴—乳点—腰节—耻骨（臀下）—大腿中—膝下—足。

**3. 青少年**

8～14 岁（小学生）5 个半头高。14～16 岁（中学生）6 个头高，分配比例是头顶—下巴—胸下—中臀—大腿中—膝下—足。

16～20 岁（高中生）6 个半头高。20～25 岁（大学生）达到成人比例（7 个头高）。

**4. 儿童**

3～4 岁 4 个半头高，5～7 岁 5 个头高，分配比例是头顶—下巴—胸下—耻骨（臀下）—膝—足。

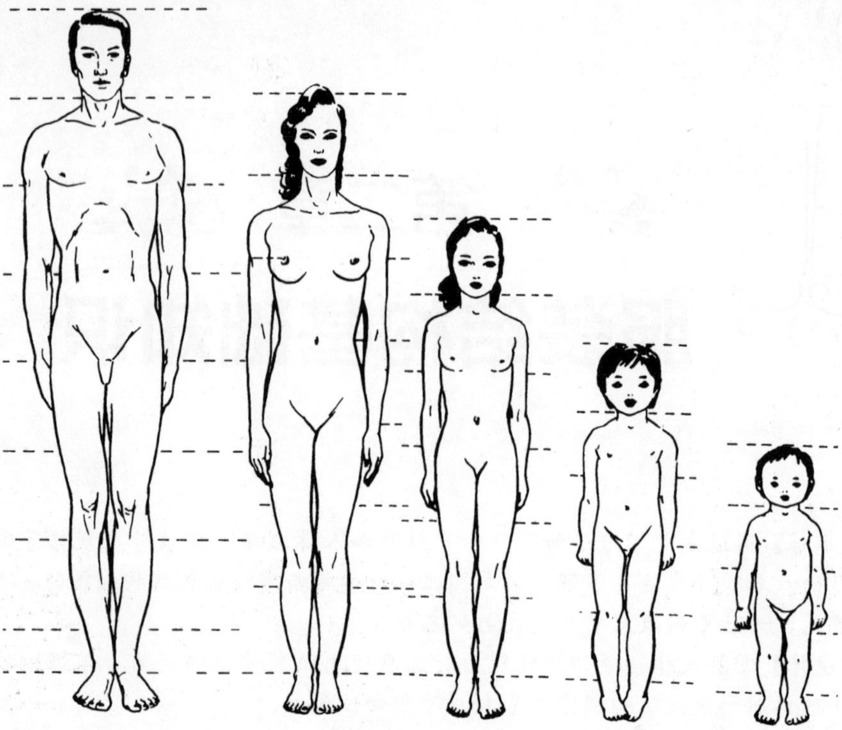

图 2-1　人体比例

**5. 婴儿**

1～2 岁 4 个头高，分配比例是头顶→下巴→腰节→大腿→足。

## 二、人体体表特征

在人体皮肤上设定基础线、方向及各部位的名称，即为人体的部位、体表的区分。对服装结构设计起着指导作用。

**1. 人体部位专用语**

人体各部位在服装工业中有不同的专用术语，如图 2-2 所示。了解人体的水平与垂直断面形状是了解人体体型厚度、宽度以及服装围度的依据，对服装制作至关重要（图 2-3）。

(1) 前身

前身是指脸、前颈、胸、前腰、腹、前膝等。

(2) 后身

后身是指头后、后颈、背、后腰、臀、后膝等。

(3) 侧身

侧身是指前后之间的部位。

(4) 前正中线

前正中线是指人体前身左右对称的中央线。

(5) 后正中线

后正中线是指人体后身左右对称的中央线。

(6) 矢状线

矢状线是指经乳点、肩胛凸点与正中垂线平行的线。

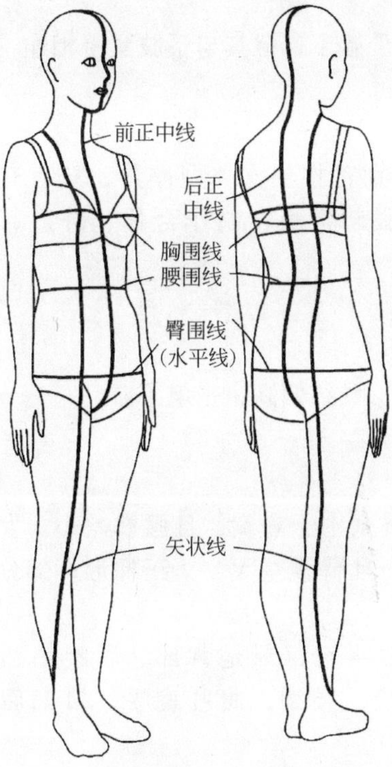


图 2-2　部位专用语

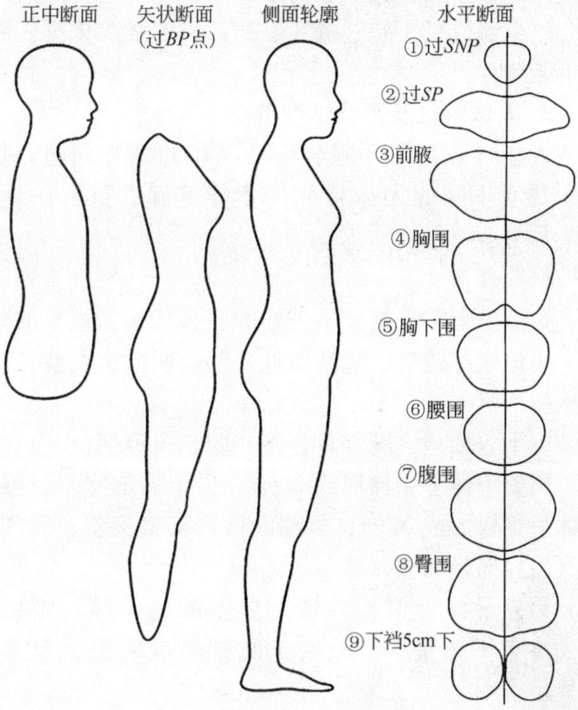


图 2-3　垂直与水平断面图

(7) 水平线

水平线是指胸围、腰围和臀围等的水平的平行线。

(8) 正中垂直断面

正中垂直断面是指经前后正中线切成断面。位于人体正中，有头部，无乳房及臀部突出，无下肢，是制作裤子时，了解腰以下裤裆形状的厚度的重要部位。

(9) 矢状垂直断面

矢状垂直断面经前后矢状线切成断面。无头部形状，乳房及臀部突出明显，下肢根据断面位置不同而形状不同。

(10) 水平断面

水平断面是指经胸围、腰围和臀围等的平行断面。与躯干各部位的水平断面作比较，能了解人体突出程度，立体形状（厚度、宽度的平衡）在样板制作上能确定省和褶裥量。

**2. 人体体表与服装裁片区分**

(1) 头、颈部位

头颈部位是服装的帽、领裁片的依据，头高、头围、颈围决定帽、领裁片的大小。

(2) 躯干部位

人体躯干部位的肩、胸、前腰、腹等是服装前衣身裁片的依据；肩、背、后腰、臀等是服装后衣身裁片的依据。肩部是前后衣片的分界线、主要支撑点，肩斜度决定肩线，女体肩斜度差大于男体肩斜度差；女性胸部呈隆起状，使女装要通过收省、褶锏、分割缝来达到合体状。

(3) 上肢（臂、手）部位

上肢部位是服装袖片的裁剪依据，男女上肢差异决定男袖肥长、女袖细短。

(4) 腰、腹臀及下肢（腿、足）

这个部位是下装（裤片、裙片）的裁剪依据。腹臀属于躯干，但其与下肢紧密相连，形成下装裁片。

**3. 人体特征及男女体型差异**

人体特征是展开服装设计制作的核心问题，男女有别首指男女体型差异，只有充分认识男女不同的人体特征，才能更好、更准确地设计服装样板，制作合体、舒适、美观的服装。

(1) 颈部

颈部呈上细下粗、不规则的圆台状，侧视呈前倾斜状。

男性颈部较粗，喉结偏低，外凸明显；女性颈部较细，喉结偏高，平坦不显。

(2) 躯干

躯干包括肩、胸、背、腰、腹、臀等部位。

男躯干体呈倒梯形或 H 形，男士肩部宽平，腰宽、臀宽小于肩宽，且腰臀差小。女躯干体呈正梯形或 X 形，早期女性肩部窄又斜，腰细臀宽，且臀腰差大，呈正梯形；部分现代女性肩部趋向宽，呈 X 形。

男躯干体近似长方形，男士的胸、腰、腹、臀都显平直，只是背部、后腰凹凸明显。女躯干体呈 S 形。女士胸部丰满隆挺，呈半圆球状，腰细，腹肚扁平，臀部后凸明显。

(3) 上肢

上肢由上臂、下臂和手掌组成。

男性上肢较粗、较长，女性上肢较细、较短。

(4) 下肢

下肢由大腿、小腿和足组成。

男性两腿细长，合并内侧可见间隙，女性大腿脂肪发达，粗短，两腿合并密不见间隙。

## 三、人体运动

进行服装结构设计时，只考虑人体静态尺寸和比例关系是远远不够的。外观美观与运动舒适是服装结构设计追求的两大主题。服装的实用性很强，只有在运动舒适基础上讨论美观才是有意义的。可见，在净体尺寸基础上，如何加放适当的放松量，取决于对人体运动变化规律的正确理解和把握。

**1. 颈部运动规律**

颈部可以屈伸、旋转运动，屈伸和左右倾角均约 45°，是领口松度、领座倾斜角高度、连衣帽等结构设计的重要参考依据。

**2. 脊柱运动规律**

脊柱是人体支柱，主要是以腰椎关节为轴的屈伸、旋转运动，前屈幅度最大，大约为 80°，后伸约 30°，左右侧屈约 35°，旋转约 45°，是衣身结构设计的重要参考依据。

**3. 上肢运动规律**

上肢是人体运动频率与幅度最大的部位，主要以肩关节、肘关节为支点的向前、向上运动为主，是袖子结构的重要参考依据。

**4. 下肢运动规律**

主要是以髋关节和膝关节为支点的运动，是下装结构设计的要素。

# 第二节　人体测量

服装穿在人身上，服务的对象是人，可以说服装是人体的第二层皮肤，是人体的软雕塑、外包装，好像精美的礼品包装一样。所以不管是服装款式设计、纸样设计，都是以人体为核心而展开设计与技术工作的。长期以来，做衣服讲究量体裁衣，即通过人体测量得到人体各部位的数据，进行服装结构设计，才能保证服装适合人体体型特征，舒适美观。“量体裁衣”四个字精辟地概括了人体与服装的关系。由此除了要了解人体结构及其特征，还必须进行人体测量。

## 一、测量的工具

目前开发了许多人体测量器材，都难以完全测量人体，因人体是微妙的活动体，姿态各异，要根据测量目的、部位采用不同的测量器具。比如胸围同样是84cm，但体厚度、体扁平度及乳房丰满度都不相同，则服装样板也不同。因此不仅要人体尺寸数值，还要把握形态特征。

**1. 马丁测量**

马丁测量是卢道夫·马丁的学说，即马丁人体测量仪。在国际上广泛使用的二维人体测量仪，可根据需要选用各类测量器（图2-4、图2-5）。

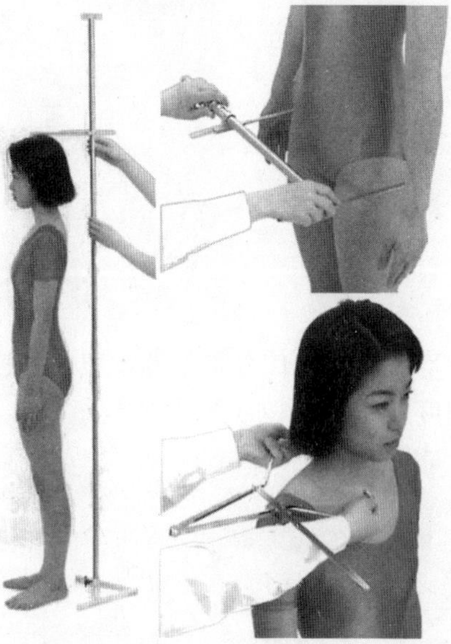

图2-4　马丁测量

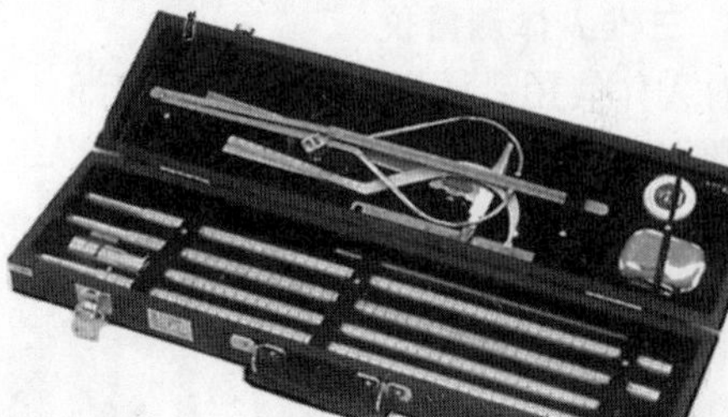

图2-5　马丁测量仪

（1）量身高尺

最高部位装上两根横向标尺，可测人体的宽度、厚度。

（2）触角标尺

可测量人体凹凸部位的厚度。

（3）定规

15cm定规，测量部分直线长度。

（4）卷尺

即软尺。测量人体各部位的周长、体表长度的尺寸数值。

此外，还有体重器、体脂肪器、角度器（量肩斜）、角尺（量乳房深度）、皮下脂肪尺（量皮肤厚度）等仪器。

**2. 滑动测量**

受测者身体各部位用活动棒点出前后形状的测量法，有横向断面型与纵向断面型两种（图 2-6）。

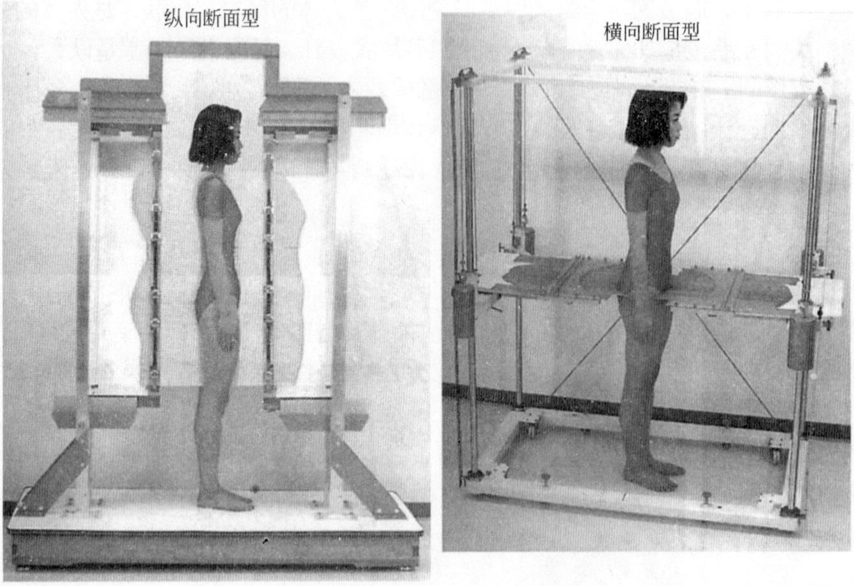


图 2-6 滑动测量仪

**3. 石膏定型测量**

石膏绷带贴在人体上，拓出人体体表特征。

**4. 自动体形摄影**

适用于观察姿态、体形及身体歪斜特征。

**5. 三维人体测量仪**

对人体使用微弱激光，并摄下这光，测得人体三维形状。用专门分析软件把数值置换成图像数据，可了解（周长、厚度、宽度）距离数据、角度及断面形状（图 2-7）。

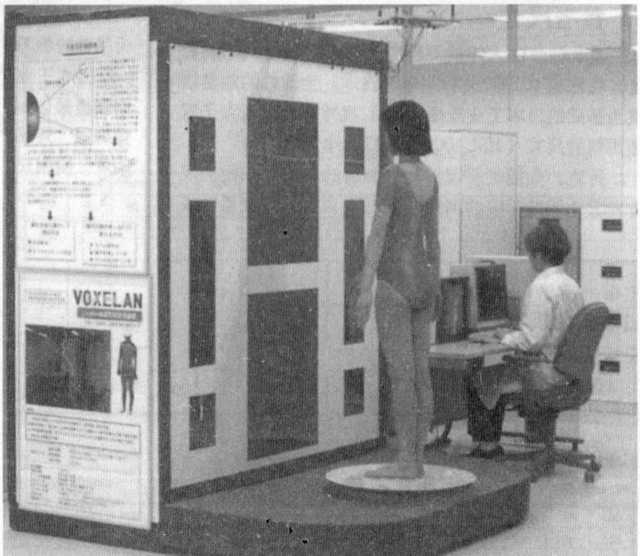


图 2-7 三维人体测量仪

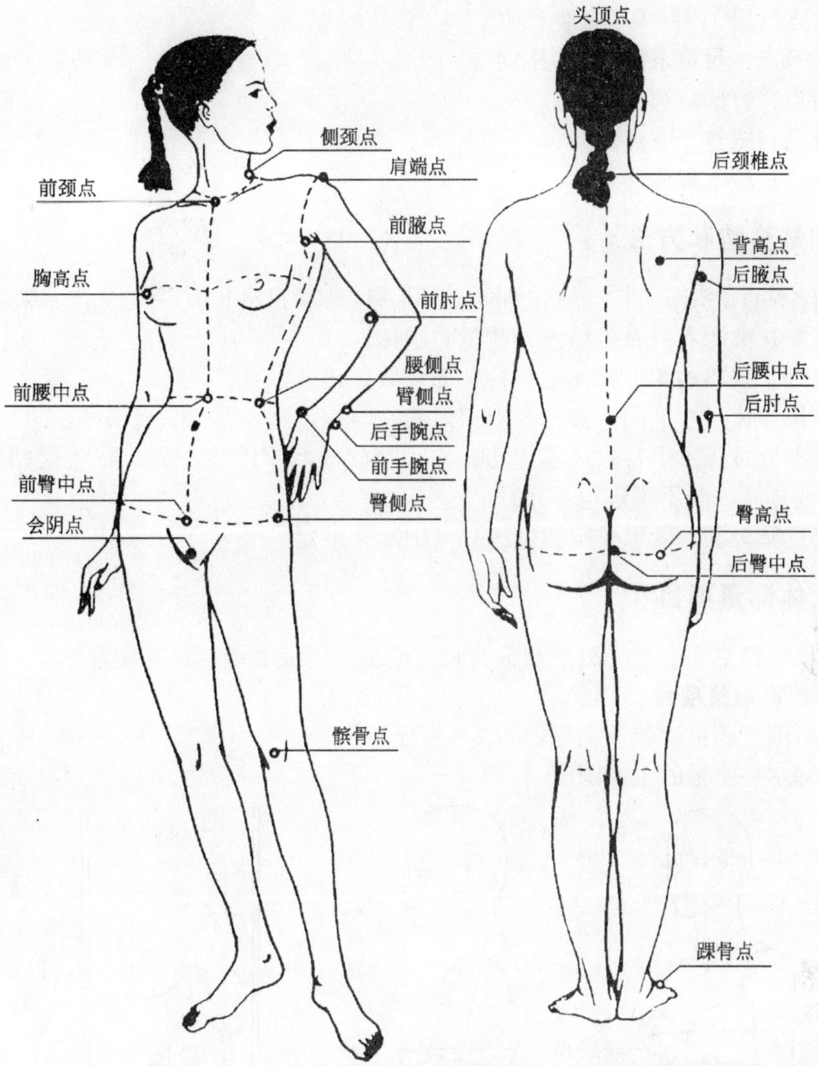


图 2-8　人体测量的点

## 二、人体测量的点

人体测量根据人体结构的点、线、面而定，由点连成线，决定线的长度；由线构成面，形成服装的裁片。测量点和基准线的确定是根据人体测量的需要，测量点和基准线在任何人身上都是固有的，一般多选在骨骼的端点、突起点和肌肉的沟槽等部位（图 2-8）。下面介绍常用人体测量点的确定。

① 头顶点：头部保持水平时头部中央最高点。

② 后颈椎点（BNP）：第七颈椎凸出处。

③ 侧颈点（SNP）：斜方肌前缘和肩交点。

④ 前颈点（FNP）：左右锁骨上沿与前中线交点。

⑤ 肩端点（SP）：手臂与肩交点，上臂正中央。

⑥ 前腋点：手臂与躯干在腋前交接产生皱褶点。

⑦ 后腋点：手臂与躯干在腋后交接产生皱褶点。

⑧ 胸高点（BP）：戴文胸时，乳房最高点。

⑨ 后肘点（EP）：肘关节外侧凸点。

⑩ 后手腕点：尺骨下端外侧突出点。

⑪ 臀高点：臀部最突出点。

⑫ 膑骨点：膑骨下端点。

⑬ 踝骨点：脚踝外侧突点。

## 三、测量姿势和方法

① 被测者站直、头部水平、背自然伸展、不抬肩、双臂自然下垂、手心向内、保持自然姿势。

② 测者站在被测者的右斜前方，测量右半体。

③ 测量时，观察被测者的体型，特殊部位做好记录。

④ 为测量净体尺寸准确，被测者需穿内衣、内裤，测时保持纵直横平。

⑤ 测量围度时，左手持软尺零起点，右手持软尺水平围绕一周，将软尺贴紧测位，软尺不宜过松或过紧，既不脱落也不扎紧。

⑥ 软尺选厘米制，以求单位规范统一（国际认可）。

## 四、人体测量项目

人体测量项目主要有水平围度测量、长度测量、围度测量、宽度测量等。

**1. 水平围度测量项目**

人体水平围度测量位置及名称如图 2-9 所示。

（1）人体水平测量的主要围度

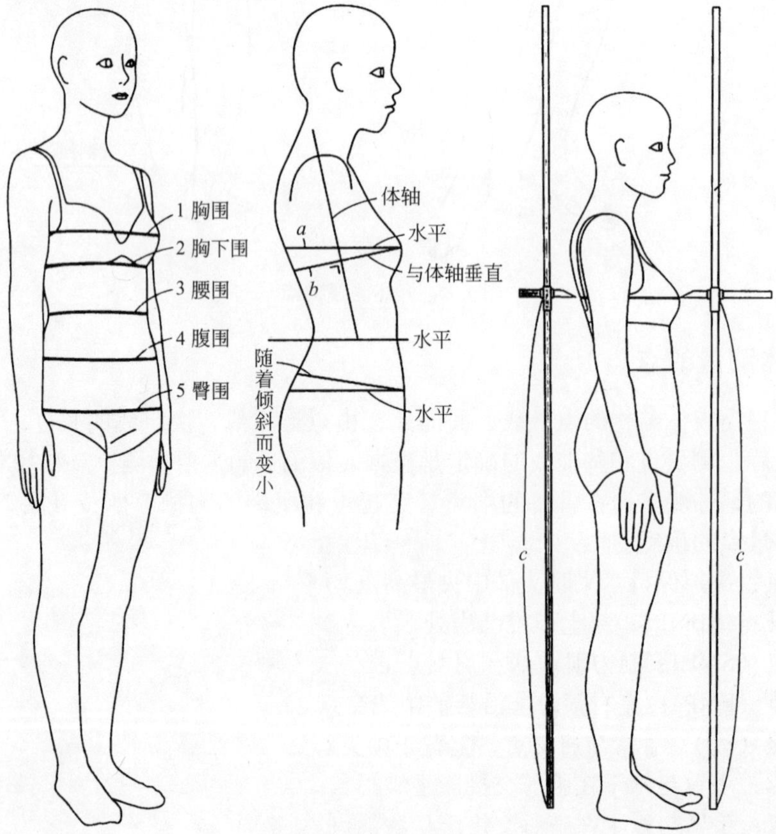


图 2-9　水平围度测量图

① 胸围：沿胸高 BP 点，水平围量一周。

② 胸下围：乳房下缘，水平围量一周。

③ 腰围：腰部最细处围量一周。

④ 臀围：腹部贴塑料平面板，沿臀部最高点，水平围量一周。

⑤ 腹围：腰至臀间的中间位置，水平围量一周。

（2）水平测量注意点

① 胸围：身体轴线从腰往上大多向后倾斜，后背从肩胛骨到腰倾斜度大，量至后背时位置易下降，则尺寸数据比水平胸围尺寸要小（$a>b$）。

② 腹围：腰至臀部由细渐渐变大，腹围随着后部倾斜，软尺放上后会往上移动，尺寸也易变小。

为正确测量水平一周，用身高尺从地面量到 BP 点，用同尺寸在背面做记号，再沿这点放软尺水平测量。

**2. 长度测量项目**

人体长度测量部位及名称如图 2-10 所示。

① 身高：从头骨顶点用软尺垂直向下量至地面。

② 总长：从后颈椎点（BNP 点）用软尺垂直向下量至地面。

③ 背长：从后颈椎点（BNP 点）用软尺垂直向下量至腰节线。

④ 后长：从侧颈点（SNP 点）经肩胛突出部位，用软尺垂直向下量至腰节线。

⑤ 前长：从侧颈点（SNP 点）经 BP 点，用软尺垂直向下量至腰节线。

⑥ 乳高：从侧颈点（SNP 点）量至 BP 点。

⑦ 腰高：从腰节线用软尺垂直向下量到地面。

⑧ 臀高：从臀突点用软尺垂直向下量到地面。

⑨ 腰长：腰高减去臀高。

⑩ 下裆长：从腹股沟下方的大腿根部垂直向下量到地面。

⑪ 股上长：腰高减去股下长。

⑫ 膝长：从腰节线量至膝盖（膑骨下端）。

⑬ 袖长：手臂自然下垂，从肩端点（SP 点）经肘突点，量至手腕骨突点。

⑭ 上裆前后长：从前腰节中点起，向下串过裆底绕到后腰节中点，软尺不能拉得过紧或过松。

**3. 围度测量项目**

人体围度测量部位及名称如图 2-11 所示。

① 臂根围：从前腋点沿臂底（腋点）到后腋点，再经后腋点至 SP 点，最后回到前腋点。

② 上臂围：上臂最粗处，水平围量一周。

③ 肘围：肘关节的曲肘线突出点，放下手臂环绕一周。

④ 手腕围：手腕桡骨突出部位，从大拇指侧经小指环绕一周。

⑤ 头围：从眉间点到后脑最突出的位置，再回到眉间点，围量一周。

⑥ 颈围：低头找第七颈椎点（BNP 点），抬正头，经 SNP 点、FNP 点，至另一 SNP 点回到 BNP 点，用软尺竖立围量一周。

⑦ 手掌围：大拇指往掌内收进，沿五指底部骨突出部位围量一周。

**4. 宽度测量项目**

人体宽度测量部位及名称如图 2-12 所示。

① 总肩宽：从后背左肩骨外端 SP 点，经 BNP 点，量至右肩 SP 点。

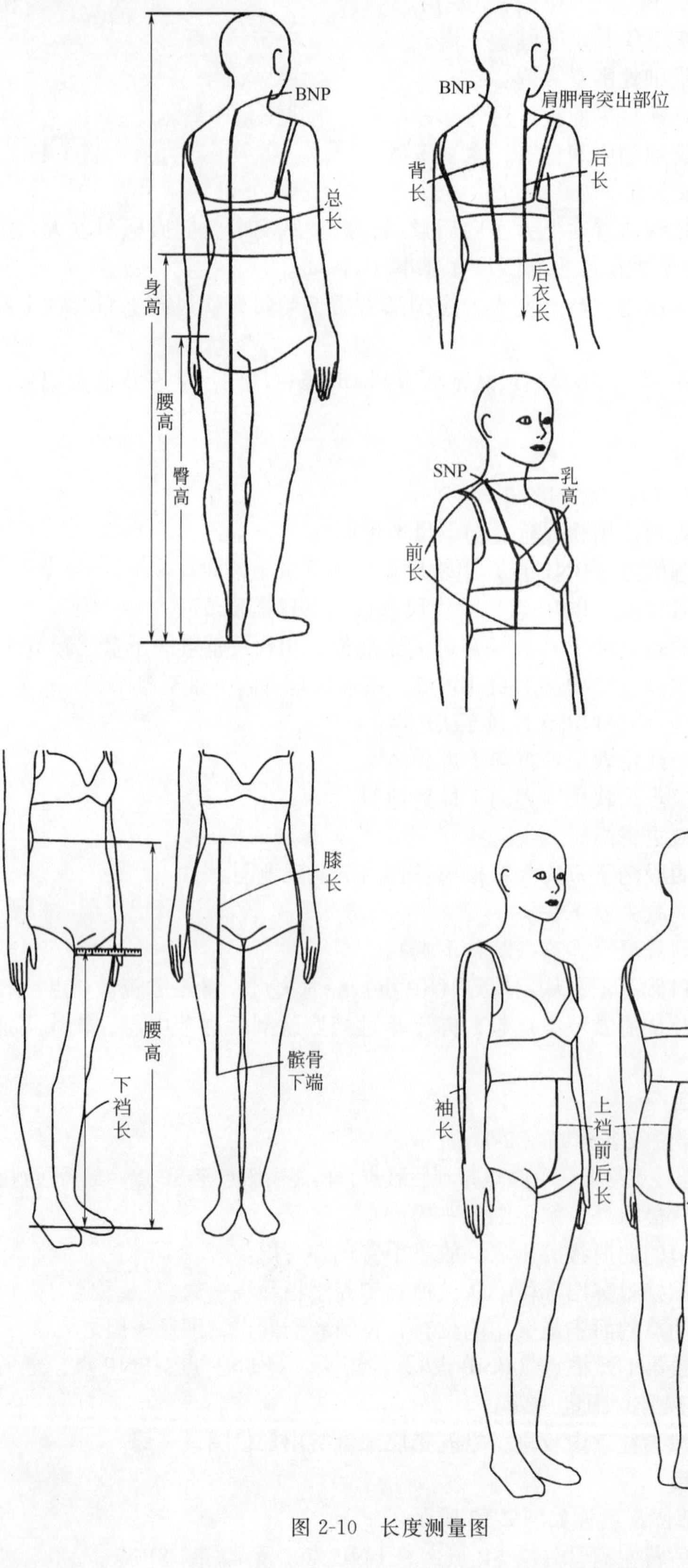
BNP
总长
身高
腰高
臀高
BNP
肩胛骨突出部位
背长
后长
后衣长
SNP
乳高
前长
膝长
腰高
下裆长
髌骨下端
袖长
上裆前后长

图 2-10 长度测量图

② 背宽：后左腋点量至右腋点。

③ 胸宽：前左腋点量至右腋点，由于胸部隆起，有方向性倾斜，软尺在体表上呈弧线测量。

④ 乳间距：两乳峰点间的直线距离。

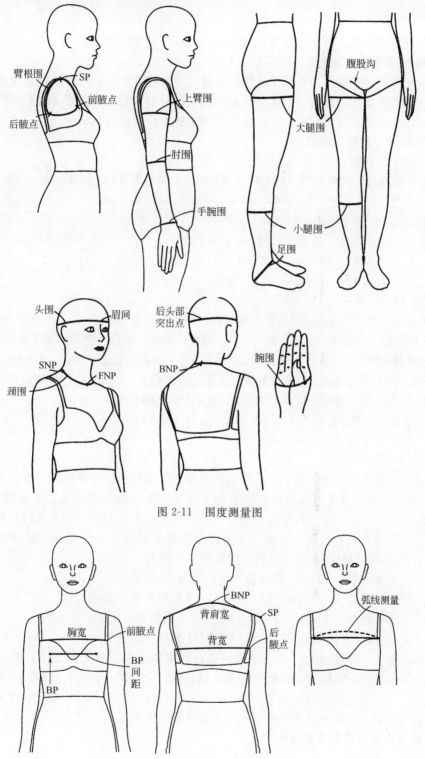

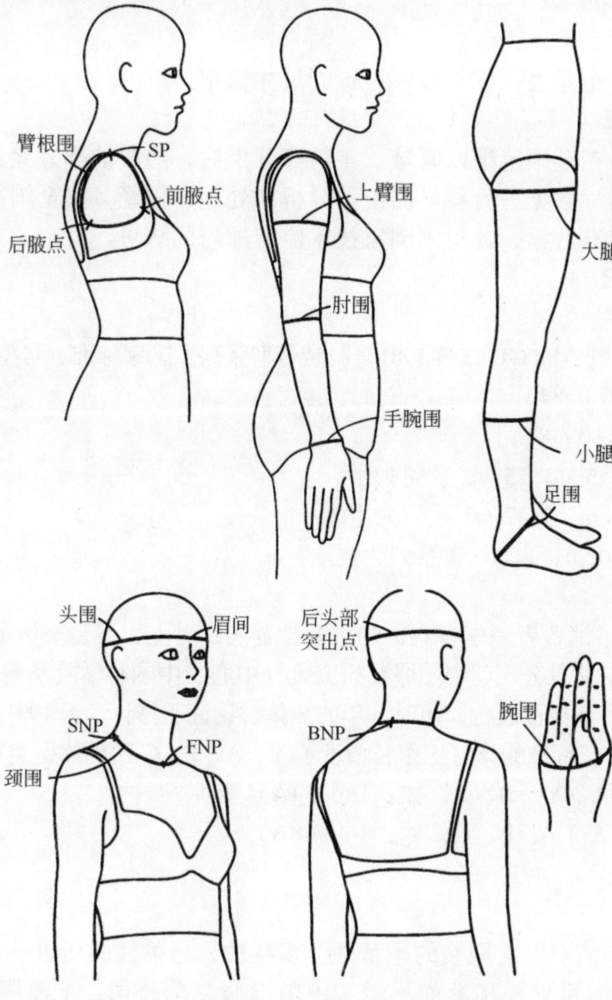


图 2-11　围度测量图

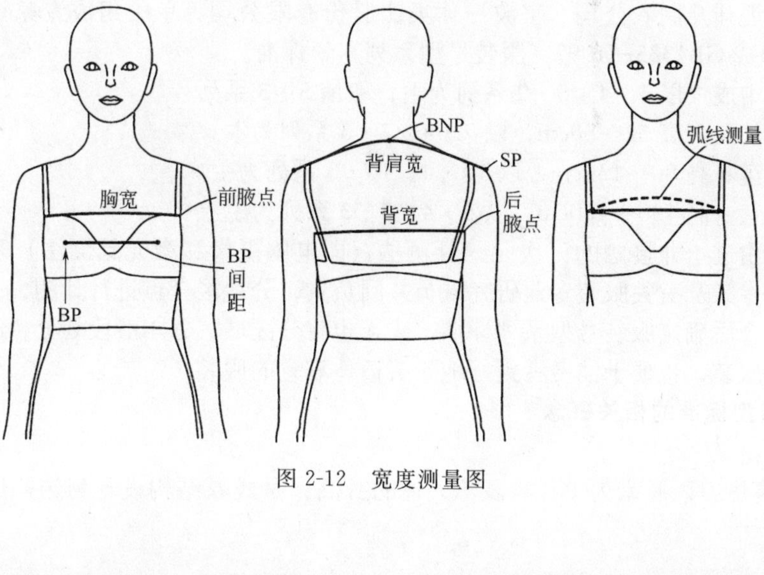


图 2-12　宽度测量图

# 第三节　服装号型及成衣规格

## 一、服装号型

标准服装号型规格是服装企业进行成衣纸样设计的尺寸依据。

**1. 我国服装号型实施情况**

国家标准服装号型数据是在全国范围以区域、年龄等分层后，随机抽样方案进行大量的人体测量，并对采集的人体尺寸数据进行科学的统计分析和处理，再经多次全国范围的讨论和反复验证，从而取得号型标准数据，并得到国家技术监督部门的认可。

**2. 我国服装号型推行情况**

（1）GB 1335-1981

我国首次实施的是 1981 年制定的 GB 1335-1981《服装号型系列》国家标准。号型标志：

上装：身高 /胸围（如：160 /84）

下装：身高 /腰围（如：160 /68）

号型系列标志：成人有 5・4、5・3、5・2 系列为主。

儿童 81～130cm，以 7・2 系列为主。

儿童 130～160cm，以 5・3 系列为主。

（2）GB 1335-1991

随着人们生活水平的提高，消费者一季多衣，购买套装普遍，对上、下装规格配套要求高。由上海服装研究所、中国服装工业总公司、中国服装研究设计中心、中国科学院系统研究所和中国标准化与信息分类编码研究所等单位联合，历时 5 年的测体、论证、修订，于 1991 年圆满完成 GB 1335-1991《服装号型系列》新标准的修订工作，增设了 Y、A、B、C 四种体型类别。

号型标志：上装：身高 /胸围 A（Y、B、C，如：160 /84A）

下装：身高 /腰围 A（Y、B、C，如：160 /68A）

其号型系列标志没变。

（3）GB 1335-1997

随着服装行业迅猛发展和消费者对服装的季节性、多样性、适体性的更进一步要求，为弥补 GB1335—1991《服装号型系列》标准的不足，由中国服装总公司、上海服装研究所、中国服装研究设计中心、中国科学院系统研究所、中国标准化与信息分类编码研究所、上海海螺集团、上海开开制衣公司、宁波一休集团股份有限公司等单位组成专家课题小组，于 1997 年修订形成 GB1335—1997《服装号型系列》新标准。

系列标志中成人以 5・4、5・2 系列为主，取消 5・3 系列；

新增：婴幼儿身高 52～80cm，以 7・4、7・3 系列为主。

修改：儿童身高 80～130cm，以 10・4、10・3 系列为主。

儿童身高 130～160cm，以 5・4、5・3 系列为主。

近几年，引进了非接触的三次元的计测法（即电脑摄像和激光计测法）来剖析人体体型，由人类学专家及有关服装专业研究人员共同负责，分地区分点进行计测，采集人体数据与体型特征。今后确定服装号型系列标准，成人也将分区域、分年龄段划分，既便于企业按品牌定位生产服装，也便于消费者更好地购买适体满意的服装。

**3. 服装号型标准的相关概念**

（1）号型定义

“号”指高度，以厘米为单位，表示人体的身高，是成衣结构设计与选购服装长度的依据；“型”指围度，以厘米为单位，表示人体净体胸围或腰围，是成衣结构设计与选购服装肥瘦的依据。

(2) 号型标志

号型标志见表 2-1。

**表 2-1　号型标志列表**　　单位：cm

| 号/型(体型类别) | 性别 | 中间体号型数 |
|---|---|---|
| 上装<br>(身高/胸围,体型类别) | 男 | 170/88 A |
| | 女 | 160/84 A |
| 下装<br>(身高/腰围,体型类别) | 男 | 170/74 A |
| | 女 | 160/68 A |

(3) 号型系列定义

指号（身高）或型（胸围、腰围）以人体的中间体为中心，按一定规律向两边依次递增或递减。即身高（号）每档以 5cm 分档，共分七档，胸围（型）以 4cm、3cm 分档，腰围（型）以 4cm、3cm、2cm 分档。

(4) 号型系列标志

上装以身高与胸围搭配成 5・4、5・3 分档的系列数，下装以身高与腰围搭配成 5・4、5・3、5・2 分档的系列数。套装时，一个胸围只对应一个腰围，上下装实行 5・4 或 5・3 系列；当一个胸围对应三个腰围（即腰围半档排列），上装实行 5・4 系列，下装实行 5・2 系列，见表 2-2。

**表 2-2　号型系列标志**　　单位：cm

A 系列不同号的尺寸

| 型＼号 | 145A | | | 150A | | | 155A | | | 160A | | | 165A | | | 170A | | | 175A | | |
|---|---|---|---|---|---|---|---|---|---|---|---|---|---|---|---|---|---|---|---|---|---|
| 72 | | | | 54 | 56 | 58 | 54 | 56 | 58 | 54 | 56 | 58 | | | | | | | | | |
| 76 | 58 | 60 | 62 | 58 | 60 | 62 | 58 | 60 | 62 | 58 | 60 | 62 | 58 | 60 | 62 | | | | | | |
| 80 | 62 | 64 | 66 | 62 | 64 | 66 | 62 | 64 | 62 | 62 | 64 | 66 | 62 | 64 | 66 | 62 | 64 | 66 | | | |
| 84 | 66 | 68 | 70 | 66 | 68 | 70 | 66 | 68 | 70 | 66 | 68 | 70 | 66 | 68 | 70 | 66 | 68 | 70 | 66 | 68 | 70 |
| 88 | 70 | 72 | 74 | 70 | 72 | 74 | 70 | 72 | 74 | 70 | 72 | 74 | 70 | 72 | 74 | 70 | 72 | 74 | 70 | 72 | 74 |
| 92 | | | | 74 | 76 | 78 | 74 | 76 | 78 | 74 | 76 | 78 | 74 | 76 | 78 | 74 | 76 | 78 | 74 | 76 | 78 |
| 96 | | | | | | | 78 | 80 | 82 | 78 | 80 | 82 | 78 | 80 | 82 | 78 | 80 | 82 | 78 | 80 | 82 |

(5) 体型类别

① 体型类别定义：以胸腰落差将人体体型进行分类，分为 Y（瘦体）、A（标准体）、B（偏胖体）、C（胖体）等类型。因人体有胖瘦之分，即使身高、胸围相同，腰围也会有差异。

② 体型类别标志：见表 2-3。

**表 2-3　体型类别标志列表**　　单位：cm

| 体型类别 | | Y(瘦体) | A(标准体) | B(偏胖体) | C(胖体) |
|---|---|---|---|---|---|
| 胸腰差 | 男 | 22～17 | 16～12 | 11～7 | 6～2 |
| | 女 | 24～19 | 18～14 | 13～9 | 8～4 |

例如：女装 160 /68A，A 表示胸腰差在 14～18cm

女装 160 /64Y，Y 表示胸腰差在 19～24cm

男士比女士胸腰差要小；体型越瘦，胸腰差越大，体型越胖，胸腰差越小。

(6) 系列号型配置

① 一号一型同步配置：见表 2-4。

**表 2-4　5·4A 号型系列表**　　单位：cm

| 类别 | | XXS | XS | S | M | L | XL | XXL |
|---|---|---|---|---|---|---|---|---|
| 上装 | 男 | 155/76A | 160/80A | 165/84A | 170/88A | 175/92A | 180/96A | 185/100A |
| | 女 | 145/72A | 150/76A | 155/80A | 160/84A | 165/88A | 170/92A | 175/96A |
| 下装 | 男 | 155/62A | 160/66A | 165/70A | 170/74A | 175/78A | 180/82A | 185/86A |
| | 女 | 145/56A | 150/60A | 155/64A | 160/68A | 165/72A | 170/76A | 175/80A |

② 一号多型配置：见表 2-5。

**表 2-5　5·4A 女上装号型系列表**　　单位：cm

| | | | | | | |
|---|---|---|---|---|---|---|
| | | | 160/80A | | | |
| 145/72A | 150/76A | 155/80A | 160/84A | 165/88A | 170/92A | 175/96A |
| | | | 160/88A | | | |

③ 多号一型配置：见表 2-6。

**表 2-6　5·4A 女上装号型系列表**　　单位：cm

| | | | | | | |
|---|---|---|---|---|---|---|
| | | | 155/84A | | | |
| 145/72A | 150/76A | 155/80A | 160/84A | 165/88A | 170/92A | 175/96A |
| | | | 165/84A | | | |

④ 一号多型多类别配置：见表 2-7。

**表 2-7　5·4 女上装号型系列表**　　单位：cm

| 号 | 型 \ 类别 | Y | A | B | C |
|---|---|---|---|---|---|
| 160 | 80 | 160/80Y | 160/80A | 160/80B | 160/80C |
| | 84 | 160/84Y | 160/84A | 160/84B | 160/84C |
| | 88 | 160/88Y | 160/88A | 160/88B | 160/88C |
| 165 | 84 | 165/84Y | 165/84A | 165/84B | 165/84C |
| | 88 | 165/88Y | 165/88A | 165/88B | 165/88C |
| | 92 | 165/92Y | 165/92A | 165/92B | 165/92C |

## 二、成衣规格设计

**1. 成衣规格**

成衣规格即服装成品的实际尺寸，是以服装号型数据、服装式样为依据，加放适当松量等因素设计服装成品规格。

成衣规格对服装工业至关重要，直接影响服装成品的销售和服装工业的发展。服装款式造型设计、工艺质量和成衣规格是服装成品构成的三大要素，缺一不可。对于服装企业打板师而言，成衣尺码规格是展开样板设计的依据，否则无从下手，所以，掌握成衣规格设计知识是非常必要的。

**2. 控制部位**

所谓控制部位是指设计成衣规格时起主导作用的人体主要部位。在长度方面，有身高、颈椎点高、坐姿颈椎点高、全臂长、腰围高。在围度方面，有胸围、腰围、臀围、颈围及总肩宽，见表 2-8。

**表 2-8　人体控制部位标准数据**　　单位：cm

| 部位＼标准数据＼性别 | 男 A 型 | | 女 A 型 | |
|---|---|---|---|---|
| | 中间体尺寸 | 档差 | 中间体尺寸 | 档差 |
| 身高 | 170 | 5 | 160 | 5 |
| 颈椎点高 | 145 | 4 | 136 | 4 |
| 坐姿颈椎点高 | 66.5 | 2 | 62.5 | 2 |
| 全臂长 | 55.5 | 1.5 | 50.5 | 1.5 |
| 腰围高 | 102.5 | 3 | 98 | 3 |
| 胸围 | 88 | 4 | 84 | 4 |
| 颈围 | 36.8 | 1 | 33.6 | 0.8 |
| 总肩宽(净体) | 43.6 | 1.2 | 39.4 | 1 |
| 腰围 | 74 | 4 | 68 | 4 |
| 臀围 | 90 | 3.2 | 90 | 3.6 |

**3. 规格设计**

(1) 长度规格

一般是号的比例数，加减变量来确定服装的衣长、袖长、裤长、裙长等数据。长度规格计算公式：

$L$(腰节长、短裙长) = 号 /4

$L$(短衣长、齐膝裙长) = 3 号 /10 + (0～6)

$L$(外衣长、中庸裙长) = 2 号 /5 + [0(女)～6(男)]

$L$(短大衣长、长裙) = 1 号 /2 ± (0～4)

$L$(中长大衣长、裤长) = 3 号 /5 ± (0～4)

$L$(长大衣长、连衣裙长) = 7 号 /10 ± (0～4)

$SL$(短袖长) = 号 /10 ± 0～4

$SL$(长袖长) = 3 号 /10 + [6(女)～8(男)] + (1～2)垫肩厚

(2) 围度规格

用型加放松量来确定服装的胸围、腰围，而颈围、总肩宽、臀围的规格必须查阅控制部位中颈围、总肩宽、臀围的数值再加放松量取得。围度规格计算公式(“*”：净量)：

$B$(胸围) = $B^*$ + 内穿厚(0～3) + 松量(8～12)

$W$(腰围) = $W^*$ + 内穿厚(0～2)

$H$(臀围) = $H^*$ + 内穿厚(0～3) + 松量(0～6)

$N$(领围) = $N^*$ + (松量)[1.5～2.5(合体)、3～4(春季外衣)
6～7(春秋外衣)、8～10(秋冬外衣)]

(3) 宽度规格计算公式：

$S$(肩宽) = 总肩宽(净体) + 变量(1～2～3～5)

胸宽 /2 = $0.15B^*$ + (4～5)

背宽 /2 = $0.15B^*$ + (5～6)

(4) 细部规格计算公式：

袖窿深 = $0.15B^*$ + (7～8) + 变量

袖口宽 = $0.1B^*$ + (3～5)

直裆 = $0.1L + 0.1H$ + (6～8)或号 /8 + 6(净) + (1～2)空隙量

腹臀宽 = $1.6H^*$

大裆宽 = $0.1H^*$

小裆宽 = $0.045H^*$

裤口宽 = $0.2H^*$ + (3～5)松量

## 第四节　服装制图工具

服装结构制图及裁剪主要包括专业尺、铅笔、划粉、剪刀等工具，如图 2-13 所示。

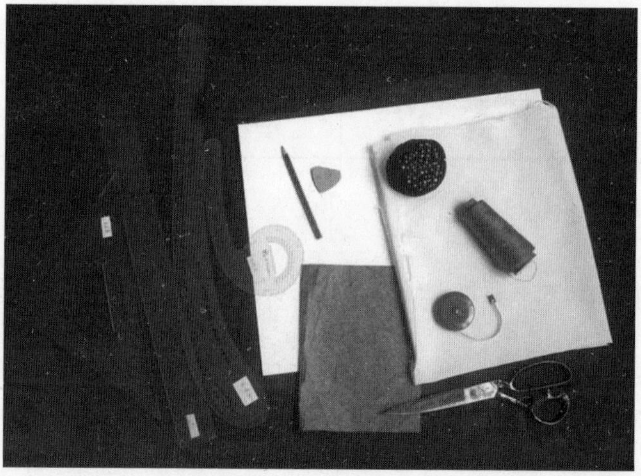

图 2-13　服装制图裁剪工具

**1. L 尺**

直角兼有弧线的尺子，主要用于测量直角和弧线，有缩小比例度数，可做比例尺（图 2-14）。

图 2-14　L 尺

**2. 弯尺**

形状略呈弧形的尺子，用于画裙子、裤子侧缝线、下裆线、衣袖缝线及下摆线等弧线（图 2-15）。

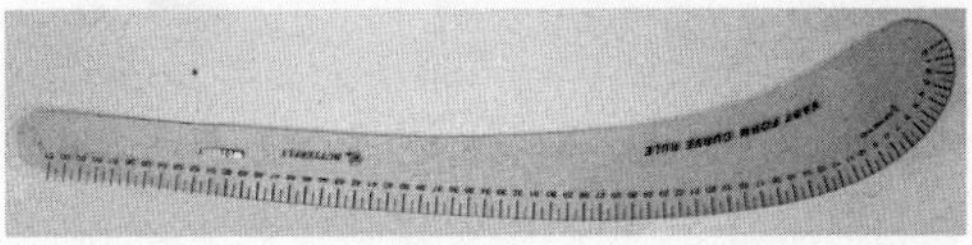

图 2-15　弯尺

**3. 放码尺**

放码尺又名方格尺，用于绘平行线、放缝份和缩放规格，常见长度有 45cm、60cm 两种（图 2-16）。

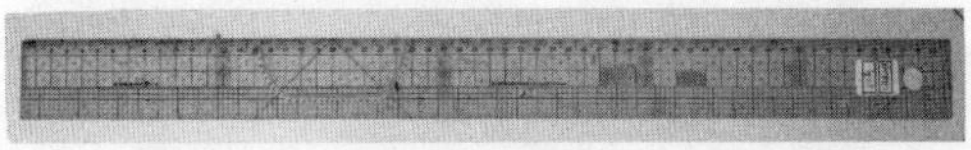

图 2-16　放码尺

**4. D 尺**

D 尺又名袖窿尺、6 字尺，用于画袖窿弧、圆弧、袖山弧等曲线（图 2-17）。

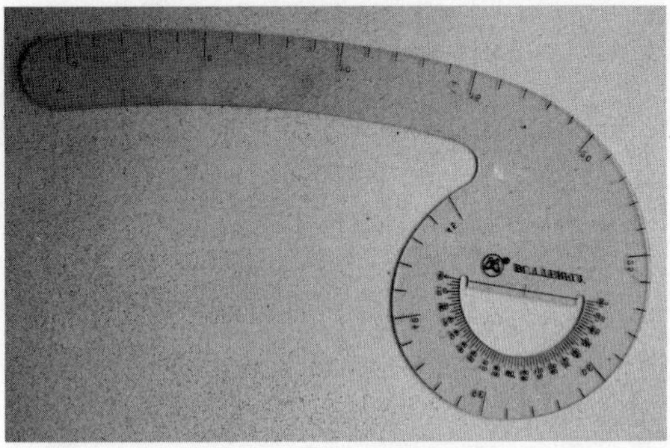

图 2-17　袖窿尺

**5. 软尺**

软尺用于人体测量或量取领弧线长度的卷尺（图 2-18）。

图 2-18　软尺

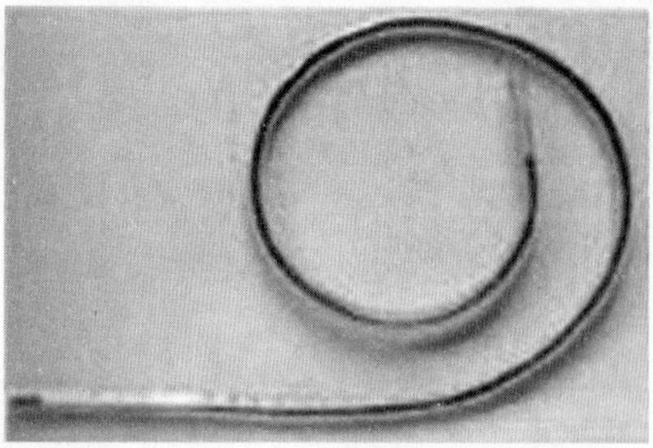

图 2-19 自由曲线尺

**6. 自由曲线尺**

自由曲线尺又名蛇尺，可自由折成各种弧线形状，用于测量弧线长度（图 2-19）。

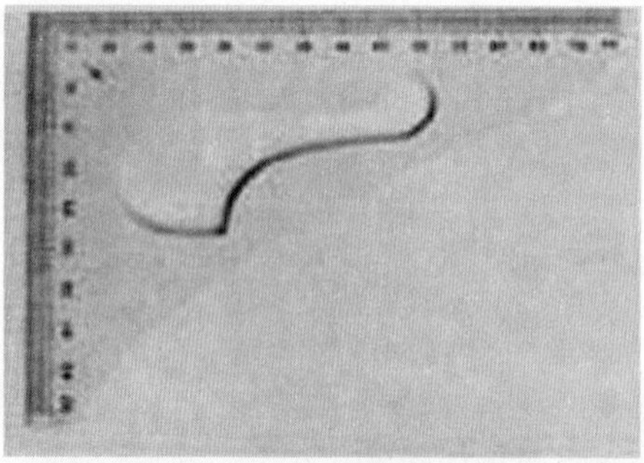

图 2-20 比例尺

**7. 缩尺**

又名比例尺，用于在本子上作缩小图记录。其刻度根据实际尺寸按比例缩小，一般有 1/2、1/3、1/4、1/5的缩图比例（图 2-20）。

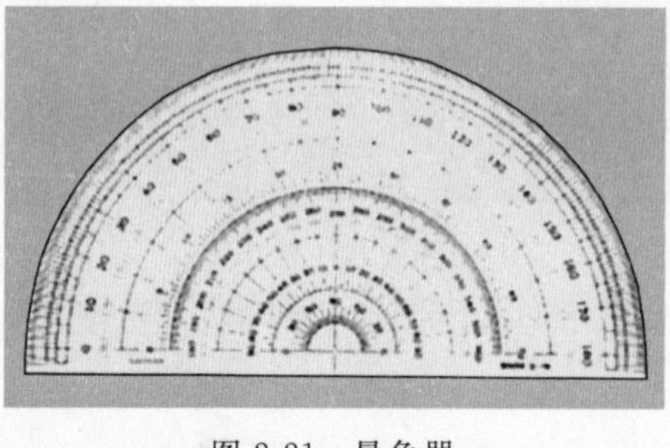

图 2-21 量角器

**8. 量角器**

作图时用于肩斜度、褶裥量等角度的测量（图 2-21）。

图 2-22 熨斗

**9. 熨斗**

裁剪缝制时不可缺少的熨烫工具，选用蒸汽熨斗为佳，应保持熨斗底面干净（图 2-22）。

**10. 剪刀**

指服装制图、裁剪中的剪纸与剪布的剪刀（图 2-23）。

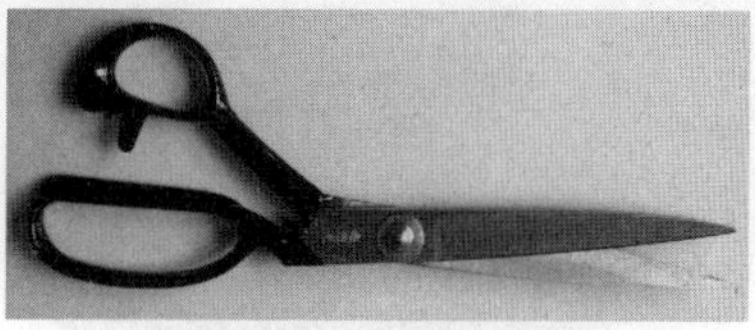

图 2-23　剪刀

**11. 铅笔**

制图用铅笔通常为 2B、HB 的铅笔（图 2-24）。

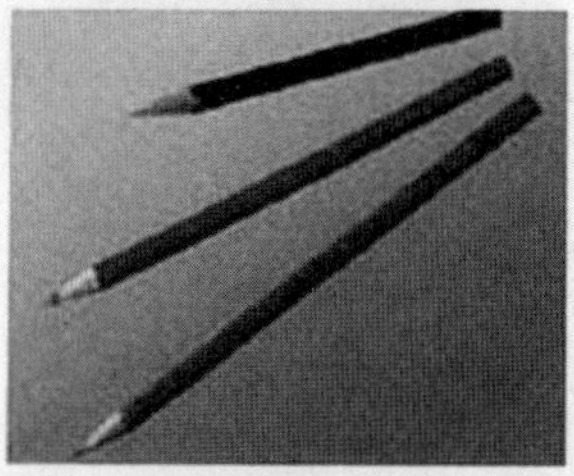

图 2-24　铅笔

**12. 活动铅笔**

铅芯有 0.3mm、0.5mm、0.7mm、0.9mm，根据作图要求选用（图 2-25）。

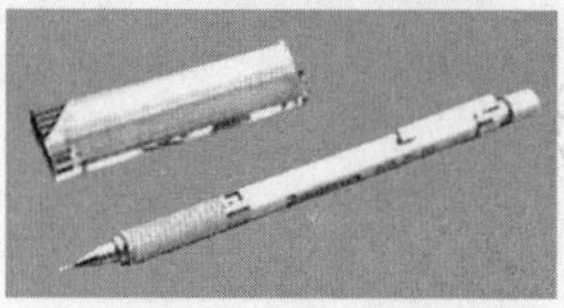

图 2-25　活动铅笔

**13. 点线器**

点线器又名滚轮，用于将布上样线拷贝、描画到样板纸上（图 2-26）。

图 2-26　点线器

**14. 镇铁**

作图、剪布时，压住纸或布使其不移动的铁制品，便于操作（图 2-27）。

图 2-27　镇铁

**15. 圆规**

作图时画圆和弧线，也用于交点求同尺寸（图 2-28）。

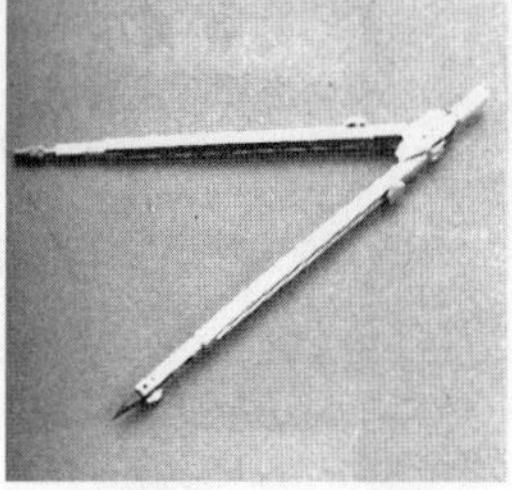

图 2-28　圆规

图 2-29 划粉

**16. 划粉**

在布面画裁片形状（图 2-29）。

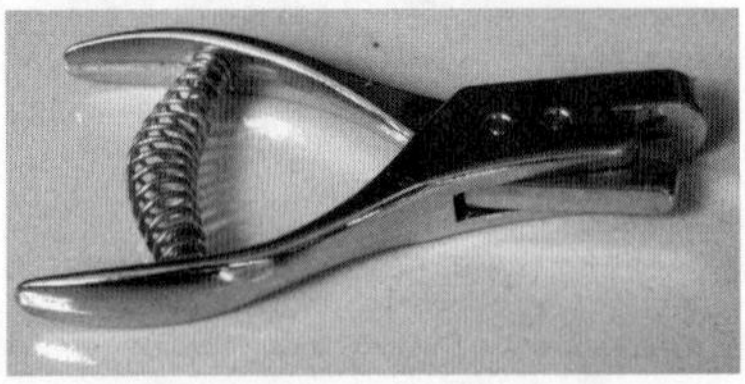

图 2-30 剪口器

**17. 剪口器**

在样板的缝边剪口，作为定位、对位的标记（图 2-30）。

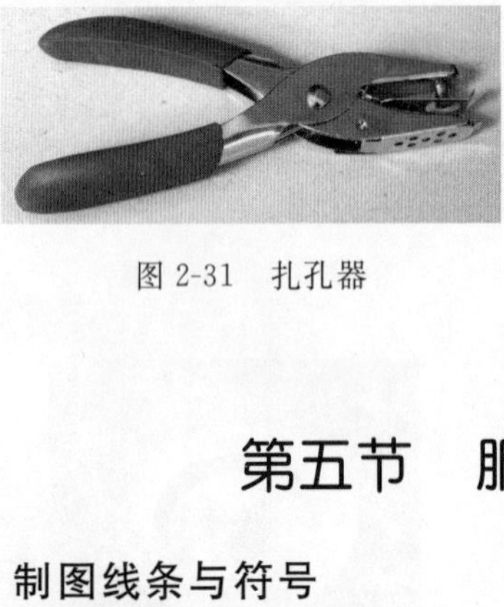

图 2-31 扎孔器

**18. 扎孔器**

在样板里面扎孔，以便一套样板片穿线窜挂（图 2-31）。

# 第五节 服装制图的基本常识

## 一、制图线条与符号

制图的线条与符号见表 2-9。

**表 2-9 制图的线条与符号**

| 名称 | 说 明 | 线条、符号与应用 |
|---|---|---|
| 轮廓线 | 图样的边线，虚线（影示线）为下层边线 | |
| 连折线 | 对折线表示左右上下相连对折，不裁开 | |
| 辅助线 | 制图基础线、框架线 | |

续表

| 名称 | 说　明 | 线条、符号与应用 |
|---|---|---|
| 等分线 | 将某线段划分成若干等份 |  |
| 直丝线 | 表示面料的经向 | 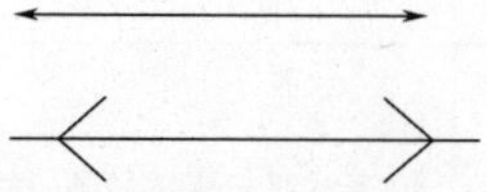 |
| 方向线 | 表示样板、衣片的方向，面料倒顺毛，工艺连续性 | 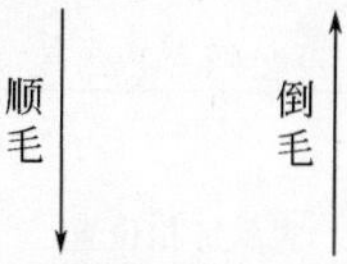 |
| 省缝线 | 需要缝进去的线 |  |
| 缝缩线 | 衣片吃势、收缩、抽细褶 | 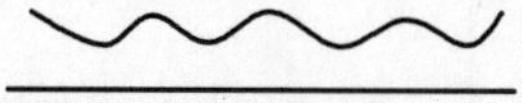 |
| 同长符号 | 线段相等 | △▲ ○●◎ □■ ◇◆ ☆★ |
| 交叉符号 | 两片重叠交叉，等长 |  |
| 褶裥符号 | 需要折叠的部分，斜线上方要折在上层 | 对裥 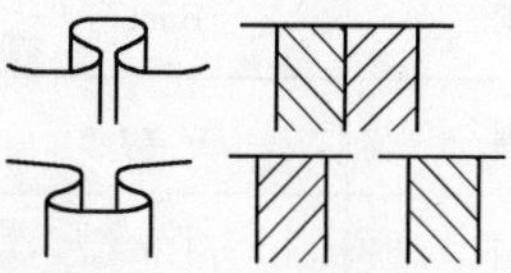 单裥 |
| 归拔符号 | 需要归拢熨烫、拉伸熨烫的部位 | 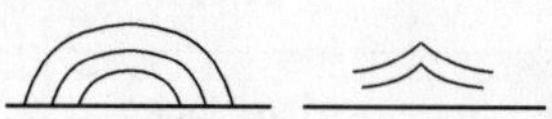 |
| 合并符号 | 图样合并，两片合成一片，两线并为一线 | 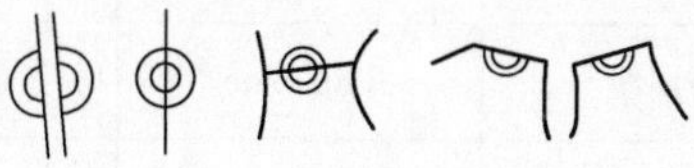 |
| 直角符号 | 两线垂直相交成 90° |  |

续表

| 名称 | 说　明 | 线条、符号与应用 |
| --- | --- | --- |
| 剪切符号 | 将图样中的线剪切开 |  |
| 扣眼符号 | 表示纽扣眼的位置、大小及钉扣位置 | 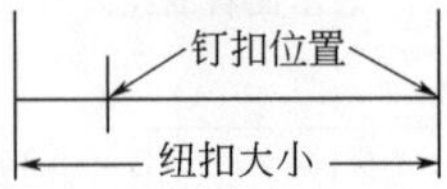 |
| 纽扣符号 | 表示钉扣位置 | 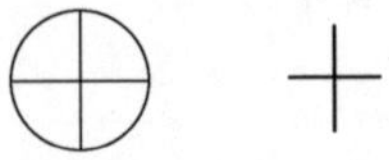 |
| 连折符号 | 表示裁片对折边的位置 | 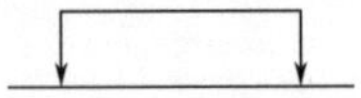 |
| 缝止位置 | 表示缝线止口及拉链缝止的位置 | 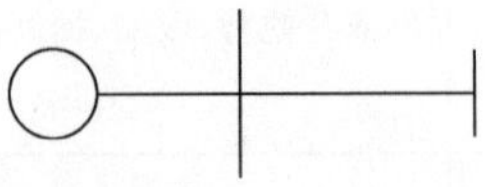 |

## 二、服装部位的中英文名称及代号

服装部位的中英文名称及代号见表2-10。

**表2-10　服装部位的中英文名称及代号**

| 中文 | 英文 | 代号 | 中文 | 英文 | 代号 |
| --- | --- | --- | --- | --- | --- |
| 胸围 | Bust | B | 乳高点 | Bust Point | BP |
| 腰围 | Waist | W | 侧颈点 | Side Neck Point | SNP |
| 臀围 | Hip | H | 肩端点 | Shoulder Point | SP |
| 颈围 | Neck | N | 前颈中心点 | Front Neck Point | FNP |
| 胸围线 | Bust Line | BL | 后颈椎点 | Back Neck Point | BNP |
| 腰围线 | Waist Line | WL | 长度 | Line | L |
| 臀围线 | Hip Line | HL | 袖长 | Sleeve Line | SL |
| 中臀围线 | Middle Hip Line | MHL | 袖窿周长 | Arm Holl | AH |
| 肘线 | Elbow Line | EL | 袖口 | Sleeve opening | CW |
| 膝线 | Knee Line | KL | 裤脚口 | Bottom leg opening | SB |

## 三、服装术语

服装术语是服装行业经常用于交流的语言。我国各地使用的服装术语大致有三种来源。一是外来语，主要来源英语的读音和日语的汉字，如克夫、塔克、补正等；二是民间服装的工艺术语，如领子、袖头、撇门等；三是其他工程技术术语的移植，如轮廓线、结构图等。下面介绍与服装结构制图相关的一些服装术语。

① 衣身（The clothes）：覆合于人体躯干部位的服装样片。分前衣身、后衣身。

② 衣领（The collar）：围绕人体颈部，起保护和装饰作用的领子样片。

③ 翻领（Lapel）：领子自翻折线至领外口的部分。

④ 底领（Collar stand）：领子自翻折线至领下口的部分。

⑤ 领口（Neckline）：又称领口、领圈，根据人体颈部形态，在衣片上绘制的弧形结构线，即领子与衣片缝合的线。

⑥ 领嘴（Notch）：领底口末端至门里襟止口的部位。

⑦ 领上口（Fold line of collar）：领子外翻的连折线。

⑧ 领下口（Under line of collar）：与领口缝合的领片下口线。

⑨ 领外口（Collar edge）：领子的外沿边。

⑩ 领串口（Roll line of collar）：领面与挂面的缝合线。

⑪ 领豁口（Off collar）：领嘴与领尖的最大距离。

⑫ 驳头（Lapel）：门里襟上部翻折部位。

⑬ 驳口（Roll line）：驳头翻折部位。

⑭ 平驳头（Notch lapel）：与上领片的夹角呈三角形缺口的方角驳头。

⑮ 戗驳头（Peak lapel）：驳角向上形成尖角的驳头。

⑯ 串口（Gorge）：领面与驳头面缝合处。

⑰ 单排扣（Single breasted）：里襟钉一排纽扣。

⑱ 双排扣（Double breasted）：门襟、里襟各钉一排纽扣。

⑲ 袖窿（Armhole）：前后衣身片绱袖的部位。

⑳ 衣袖（The sleeves）：覆合于人体手臂的服装样片。一般指袖子，有时也包括与袖子相连的部分衣身。

㉑ 袖山（Sleeve cap）：袖宽线上部与衣身袖窿缝合的凸状部位。

㉒ 袖缝（Sleeve seam）：衣袖的缝合线。

㉓ 袖口（Sleeve opening）：袖子下口边沿。

㉔ 大袖（Top sleeve）：多片袖的大袖片。

㉕ 小袖（Under sleeve）：多片袖的小袖片。

㉖ 袖头（Cuff）：与袖子下口缝接的部件，起束紧与装饰作用。

㉗ 腰头（Waistband）：与裤身、裙身缝合的部件，起束腰与护腰作用。

㉘ 口袋（Pocket）：插手和盛装物品的部件。分别有插袋（Insert pocket）、贴袋（Patch pocket）、立体袋（Stereo pocket）、双嵌线袋（Double welt pocket）、单嵌线袋（Single welt pocket）、手巾袋（Breast pocket）。

㉙ 襻（Tab）：起扣紧、牵吊等功能与装饰作用的部件。分别有领襻（Collar tab）、吊襻（Hanger loop）、肩襻（shoulder tab；epaulet）、腰襻（waist tab）。

㉚ 总肩宽（Across back shoulder）：从左肩端至右肩端的距离。

㉛ 育克（Yoke）：外来语。指前后衣身上面分割缝接的部位，也称过肩、肩育克。现也

用于裙、裤片结构中的腰、腹、臀部的育克。

㉜ 门襟（Front fly）、里襟（Under lap）：开扣眼的衣片称门襟，钉纽扣的衣片称里襟。

㉝ 搭门（Front overlap）：也称叠门。门里襟左右重叠的部分。根据服装面料厚薄、纽扣大小，搭门量可以不同，一般在2～8cm。

㉞ 挂面（Facing）：上衣门襟、里襟反面的贴边。

㉟ 门襟止口（Front edge）：门襟的边沿。止口可缉明线，也可不缉。

㊱ 克夫（Cuff）：夹克衫衣身下面缝接的部件，起收口作用。

㊲ 纱向（Yarn to）：布料的经纬纱向，也称丝缕，经纱也称直丝。

㊳ 背缝（Center back seam）：为贴合人体后身造型需要，在后身中间设纵向分割缝接线。

㊴ 侧缝（Side seam）：前后衣身、前后裙片、裤片的缝接线，也称摆缝。

㊵ 背衩（Back vent）：也叫背开衩，指在背缝下部的开衩。

㊶ 摆衩（Side slit）：又叫侧摆衩，指侧摆缝下部的开衩。

㊷ 省（Dart）：指将人体躯干部位凹凸型之间的多余量缝合，也称省道。不同位置分别叫领省（Neck dart）、肩省（Shoulder dart）、袖窿省（Armhole dart）、腋下省（Underarm dart）、横省（Side dart）、腰省（Waist dart）、门襟省（Front dart）、肚省（Fish dart）等。

㊸ 裥（Pleat）：衣身、裙、裤的前身在裁片上预留出的宽松量，通常经熨烫定出裥形，在装饰的同时可增加运动松量。

㊹ 塔克（Tuck）：服装上有规则的装饰褶子。

㊺ 公主线（The princess line）：从肩缝起，经胸、腰部，至下摆底部的分割线。最早由欧洲的公主采用，在视觉造型上表现为展宽肩部、丰满胸部、收缩腰部和放宽臀摆的三围轮廓效果。

㊻ 刀背缝（Princess seam）：从袖窿前后腋点起，经胸、腰部，至下摆底部的一种形状如刀背的分割线。视觉造型如公主线。

㊼ 上裆（Seat）：也称直裆、立裆。腰头上口至裤腿分衩处横裆线的位置，是裤子舒适与造型的重要部位。

㊽ 中裆（Leg width）：人体膝盖附近的部位，大约在裤脚口至臀围线的1/2处。是决定裤管造型的部位。

㊾ 下裆缝（Inside seam）：裤子横裆至裤脚口的内侧缝。

㊿ 横裆（Thigh）：指上裆下部的最宽处，对应于人体的大腿围度。

(51) 烫迹线（Crease line）：又叫挺缝线或裤中线，是裤腿前后片的中心直线。

(52) 翻脚口（Turn-up bottom）：裤脚口往上外翻的部分。

(53) 裤脚口（Bottom leg opening）：指裤腿下口边沿。

(54) 小裆缝（Front crutch）：裤子前身小裆缝合的缝子。

(55) 后裆缝（Back rise）：裤子后身裆部缝合的缝子。

## 思考与练习

一、思考题

1. 人体有哪些基本构造？

2. 常用人体测量工具有哪些？

3. 测量人体时，应该注意哪些问题？

4. 服装号型中“号”和“型”指的是什么？体型类别有哪些？

5. 服装结构设计方法包括哪些类型？各有什么特点？

6. 服装结构制图的常用工具有哪些？

7. 观察自己的服装，体会款式、材料、工艺、舒适感、运动机能等因素对结构设计的影响。

二、练习题

1. 三人一组，使用马丁测量仪，互相进行人体测量，熟悉人体测量的方法和步骤。

2. 对采集的人体数据进行总结、分析，找出测量项目间的数据关系。

3. 查阅资料，收集亚州及欧美国家的服装号型资料，并与我国现行服装号型标准进行比较。

4. 熟悉服装常用术语、结构制图的常用符号与部位代号。

# 第三章

# 服装基础结构制图

【学习目标】通过本章学习，了解原型的含义，掌握日本第七代、第八代文化式衣身原型、袖原型以及裙原型的绘制方法。

【能力设计】重点：掌握衣身原型、袖原型以及裙原型的结构制图方法以及部位结构术语。

难点：（1）原型结构线与人体部位的对应关系。

（2）结构线条的形状与人体体表曲面的关系。

当前我国服装行业中使用的女装原型种类众多，原型又叫母型、基型，是指服装的基础型，是最简单的服装样板，是在动态下无差别的服装。它是以人的净尺寸数值为依据，将人体平面展开后加入基本放松量制成的服装基本型，然后以此为基础进行各种服装款式的变化，例如根据款式造型的需要，在某些部位作收省、褶裥、分割、拼接等处理，按季节和穿着的需要增减放松度等。需要特别注意的是，服装原型只是服装平面制图的基础，不是正式的服装裁剪图。

## 第一节　原型概述

### 一、简况

所谓的原型是从日语翻译而来，意指与人体某部位对应的基本样板，又名基本纸样。原型种类很多，首先不同国家、不同人种，有不同的原型。如分别有英式原型、美式原型、日式原型和中式原型。日式原型又有文化式、登丽美式、田中式等。我国与日本同为亚洲，人体形态特征相近，由此，我国通常引用日式原型，尤其是文化式原型，其应用较广泛。

### 二、原型的产生与发展

原型产生于日本，日本人于 1901 年开始制作原型，当时原型是没有收省的宽松式。日本昭和 10 年（1935 年），日本人通过石膏膜来剖析人体体型，建立文化式原型。随着服装科技的进步，原型经历了很多变化与发展。后来日本三吉满智子教授发明了水平断面针二次元的计测法，现又发展为非接触的三次元的计测法（三维人体测量仪），即通过电脑摄像和激光计测法来剖析人体体型，于日本平成 13 年（2001 年），建立了第八代文化式原型（即新文化原型)。

### 三、我国原型应用情况

随着我国改革开放，服装进入大中专院校的课堂，成为一门学科。随之日本的原型结构制图法传播到我国，随着服装业的发展，原型法与我国的比例法、短寸法等结构制图法比较，证明了其科学性与先进性。多年来，我国大多数院校服装平面结构设计课吸取了日本文化原型的精华，采用国际通用的原型应用理论和应用方法进行教学，收到良好的教学效果和社会效果，并受到社会的普遍认可和服装企业的欢迎。

随着服装的科技进步，原来使用的第七代文化式原型存在一些不完善的地方，现任日本文化服装学院院长三吉满智子教授带领 40 人通过 3 年多的研究，于 2001 年创立了更科学、更符合当代人体型的第八代文化式原型（新文化式原型)。此原型于 2003 年传授至我国。本教材正是采用了新文化原型进行结构设计原理的阐述。

### 四、原型种类

① 按覆盖部位的种类——上半身用原型、上肢袖原型、裙原型、裤原型、上下连体原型。

② 按性别、年龄差的种类——幼儿原型、少年原型、少女原型、成人女性原型、成人男性原型。

③ 按加放松量的种类——紧身原型、合身原型、宽松原型。

④ 按作图法的类型——胸度式作图法、短寸式作图法、立体裁剪法。

## 第二节　服装基础结构制图

原型是根据人体相应部位的基本样板，按人体相应部位分类，原型分为裙原型、衣身原型、袖原型等，下面分别介绍这几个原型的结构制图方法。

### 一、裙原型结构制图

裙原型即基本裙、紧身裙，是覆盖女性腰腹臀的下半身服装，基本裙的款式图如图 3-1 所示。

**1. 裙原型结构线的名称**

裙原型结构线的名称如图 3-2 所示，标准的女下体的体型如图 3-3 所示。

**2. 制图规格**

单位：cm

| 号型 | 部位名称 | 裙长(L) | 腰围(W) | 臀围(H) | 臀长 | 腰头宽 |
|---|---|---|---|---|---|---|
| 160/66A | 净体尺寸 | 60 | 66 | 90 | 18 | 3 |
| | 成品尺寸 | 60 | 66 | 92～94 | 18 | 3 |

**3. 结构制图步骤**

在图 3-4、图 3-5 中 $W$ 为净腰围，$H$ 为净臀围。

(1) 绘制基础线

如图 3-4 所示。纵向绘制裙长，为总裙长减去腰头宽。横向绘制臀围大，为二分之一净臀围加 1～2cm 的松量。根据臀长，绘制臀围线。将臀围二等分，中点偏左 1cm（为前后

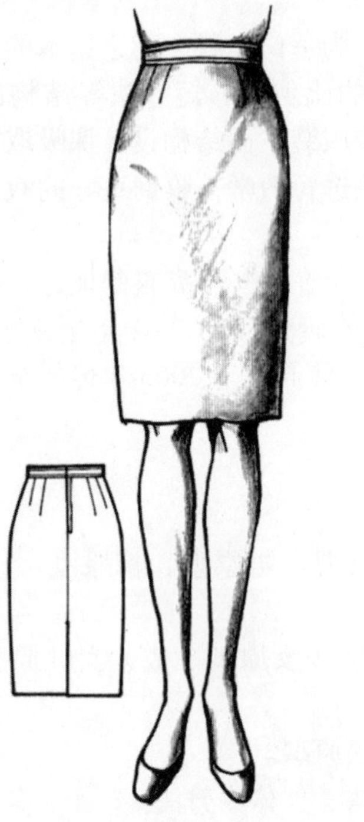

图 3-1　基本裙（裙原型）的款式图

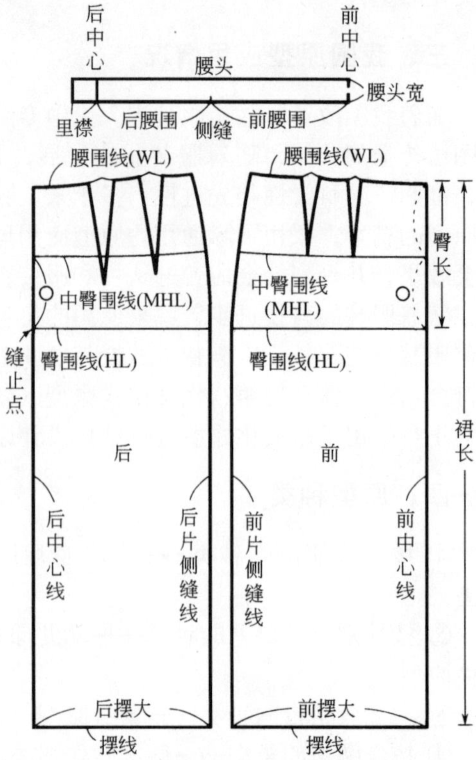


图 3-2　裙原型的结构线名称

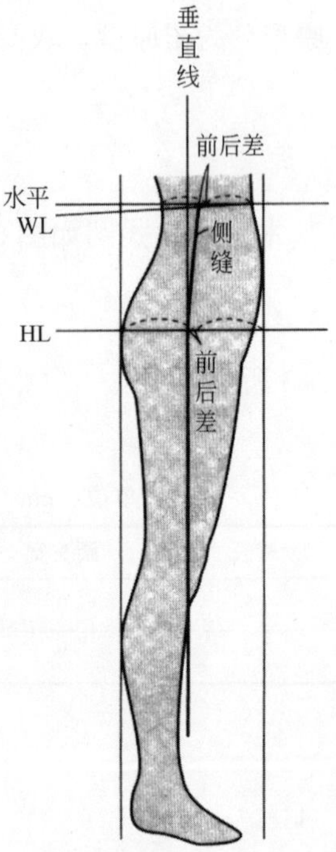


图 3-3　标准女下体的体型

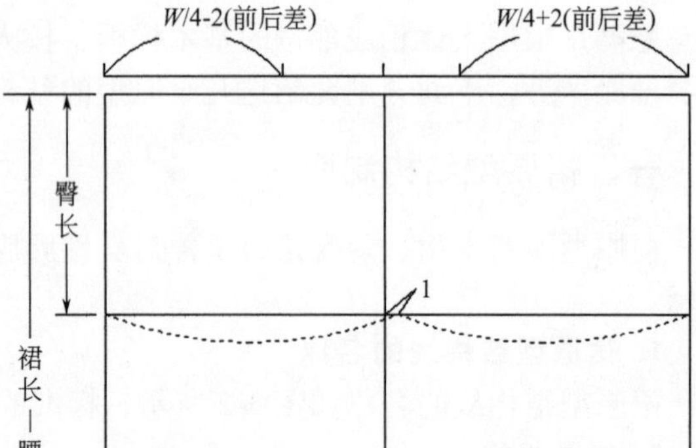

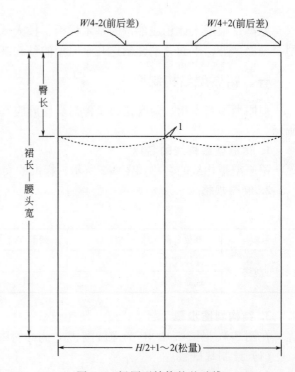


图 3-4　裙原型结构的基础线

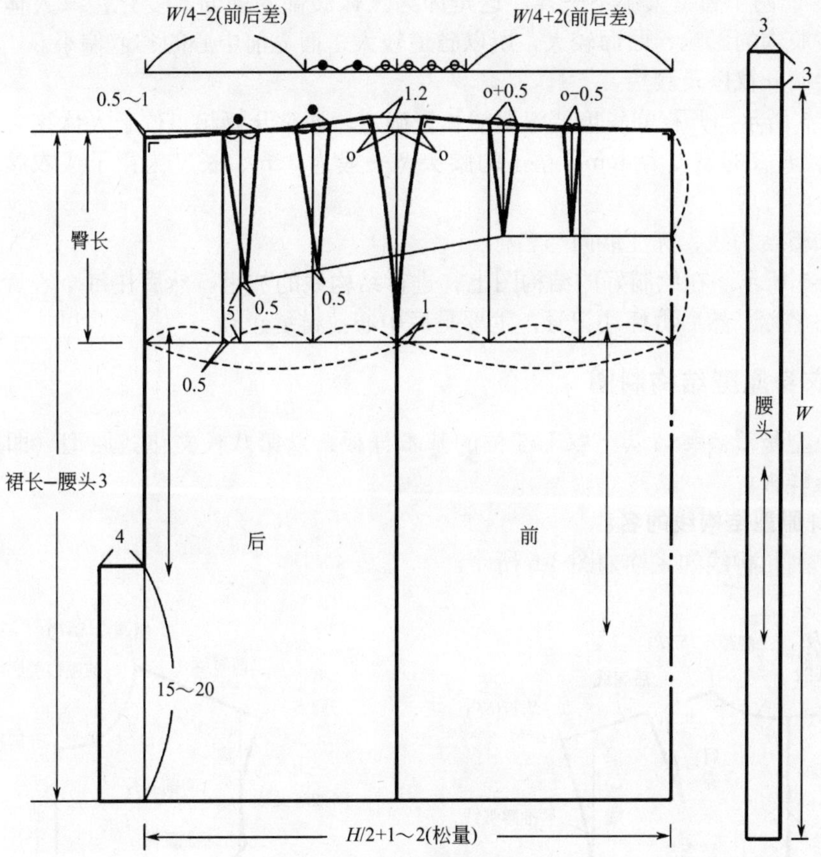


图 3-5　裙原型结构图

差)，绘制前后片分界线。

(2) 绘制侧缝线和腰围线

如图 3-5 所示。先确定前后腰围大，前腰围大为$\frac{W}{4}+2$（前后差），后腰围大为$\frac{W}{4}-2$（前后差)，腰部和臀部的前后差，是由人体体型特点决定的，设置前后差的目的是使侧缝线位置比较均衡（图 3-3)，腰部的前后差，可根据人体臀部的起翘程度变化，臀部起翘较小，前后差可适当减小。

腰围确定之后，将余量进行等分，确定侧缝收腰的量，然后从腰到臀绘制弧线，弧线的形态要符合体侧从腰到臀的曲面形态。弧线在腰围线上起翘 1.2cm，是为了适应人体腰部的伸张动作。绘制前后腰围线，后腰中点下落 0～0.5cm，是为了适应体型的变化。

(3) 确定省道位

如图 3-5 所示。为了达到均衡美观的视觉效果，省道位置应位于臀围的三等分处。以此为基准来确定省道的具体位置。

(4) 绘制省道

如图 3-5 所示。根据人体体型特征，裙原型的省道有以下几个特点：

① 前片的总省量小于后片的总省量。这是因为人体臀部凸起大，腹部凸起小。

② 前片省道的长度小于后片省道的长度。这是因为省尖都是指向凸起点的，而臀部凸起位置偏下，腹部凸起位置偏上，所以前后省道长度不一样。

③ 前片的两个省道大小不一样。这是因为人体腹部的曲面有变化，靠人体侧身，由于大腿以及腹股沟的影响，曲面较大，所以省道较大，而靠前中心的省道偏小。

(5) 绘制开衩以及腰头

如图 3-5 所示。开衩的长度要根据裙长来确定。通常开衩起点位于人体膝关节偏上 18～20cm 左右，开衩的宽度为 4cm，裙子的腰头宽一般为 3cm，长度为裙子成衣腰围再加上叠门宽。

(6) 加粗结构线，标注纱向与名称

如图 3-5 所示。在绘制好的结构图上，进行结构线的加粗。然后在每个衣片上标注纱向以及衣片的名称。然后再标注记号，主要是后中心拉链缝止点。

## 二、衣身原型结构制图

衣身原型是覆盖腰节以上躯干部位的基本样板，以第八代文化式原型（即新文化式原型）为标准样板。

### 1. 衣身原型结构线的名称

衣身原型结构线的名称如图 3-6 所示。

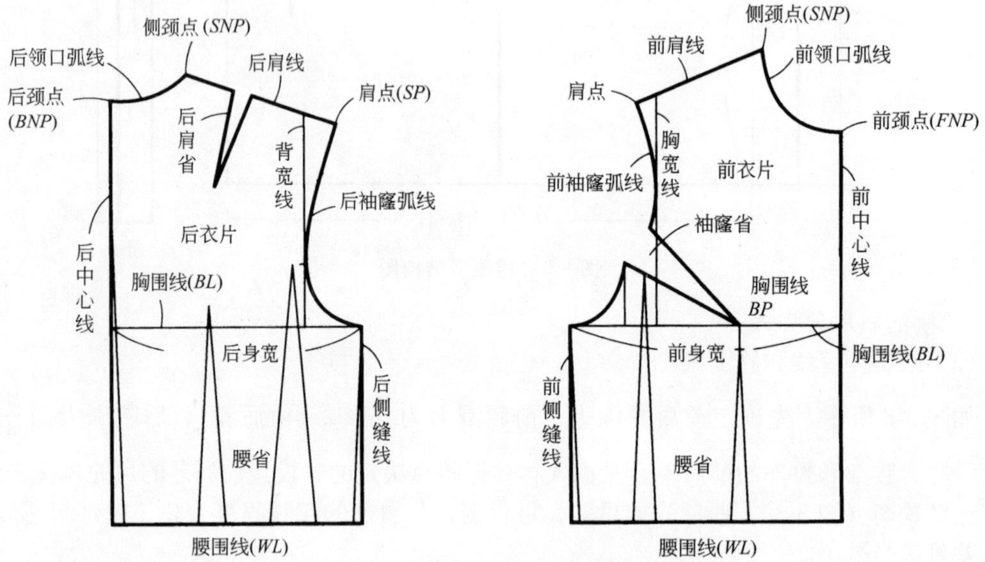


图 3-6 衣身原型结构线名称

### 2. 制图规格

| 号型 | 部位名称 | 背长 | 胸围(B) |
|---|---|---|---|
| 160/84A | 净体尺寸 | 38 | 84 |
| | 成品尺寸 | 38 | 96 |

### 3. 结构制图步骤

下图中的 $B$ 指净胸围

(1) 绘制基础线

如图 3-7 所示。纵向为背长①，横向为胸围大$\frac{B}{2}+6$（松量）②。以后袖窿深$\frac{B}{12}+13.7$

③为基准，绘制胸围线。绘制前中心线④。取后背宽为$\frac{B}{8}+7.4$⑤，绘制背宽线⑥，并绘制水平线⑦。绘制肩胛骨处的辅助线⑧。前袖窿深为$\frac{B}{5}+8.3$⑨，前胸宽为$\frac{B}{8}+6.2$⑪，然后绘制水平线⑩和胸宽线⑫。在胸宽线与胸线交点处向左量取$\frac{B}{32}$，画袖窿省位线⑬、在胸围线上将前胸宽等分，中点偏左 0.7cm 为 BP 点的位置。在袖窿处做两条辅助线，如图 3-7 所示，然后绘制侧缝线⑭。

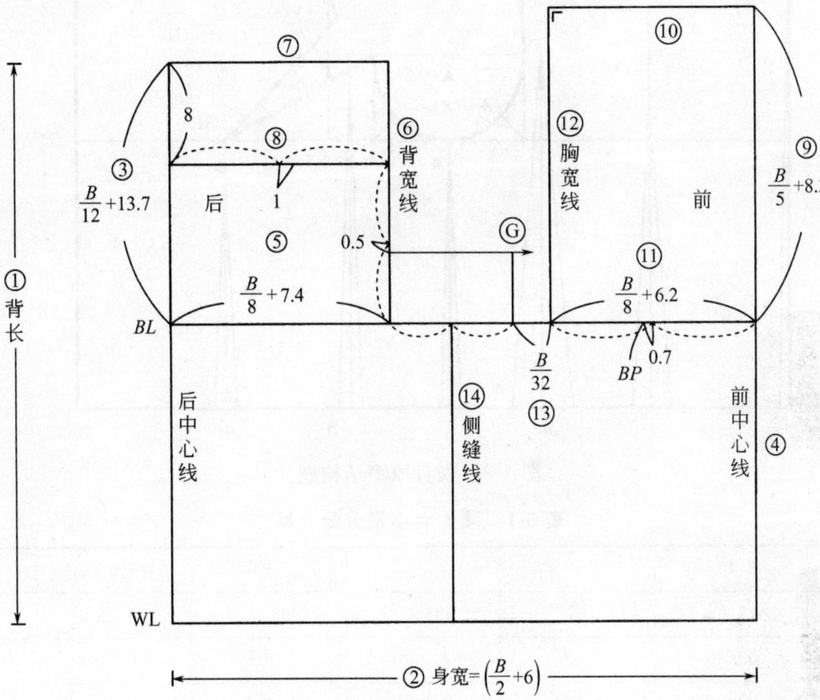


图 3-7　衣身原型结构的基础线

(2) 绘制前领口弧线、前肩线

如图 3-8 所示，前领宽为$\frac{B}{24}+3.4$，前领深为前领宽加 0.5cm，绘制矩形框，连接对角线并三等分，最下方的等分点向下 0.5cm 作为一个辅助点，绘制前领口弧线。前肩斜为 22°，绘制肩线。

(3) 绘制后领口弧线、后肩线，标注后肩省

如图 3-8 所示，后领宽为前领宽加 0.2cm，后领深为后领宽的 1/3。绘制后领口弧线。后肩斜为 18°，后肩宽为前肩宽加肩省大$\frac{B}{32}-0.8$。

(4) 标注袖窿省，绘制袖窿弧线

如图 3-8 所示，袖窿省的两条省线之间的夹角为$\left(\frac{B}{4}-2.5\right)^{\circ}$，省线长度相等。寻找辅助点，绘制袖窿弧线。

(5) 标注腰省

省道的大小及分配比率见表 3-1。

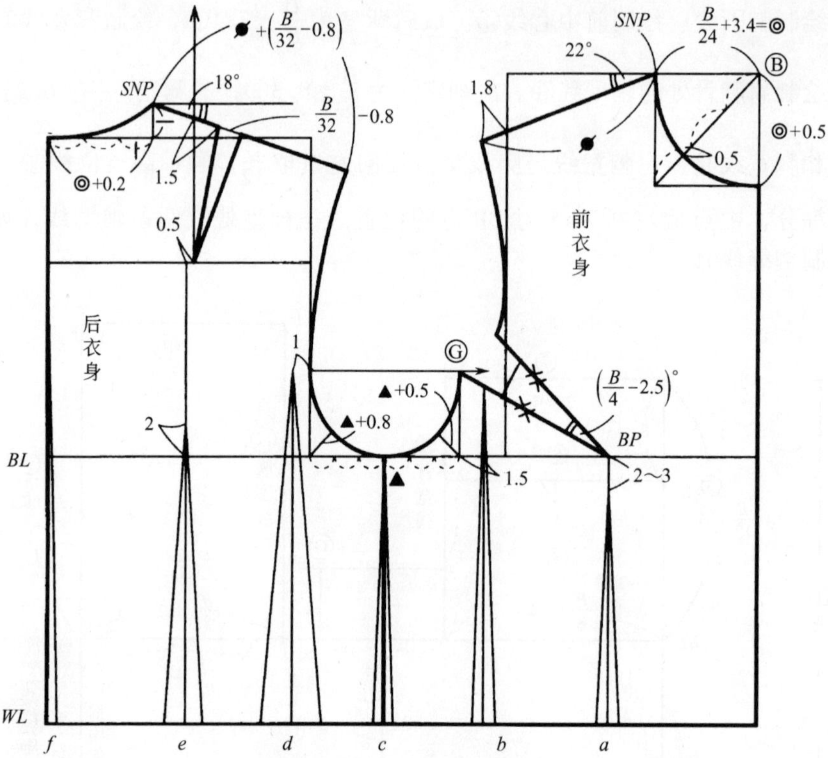


图 3-8　衣身原型结构图

**表 3-1　腰省大小及分配比率**

| 总省量 | f | e | d | c | b | a |
|---|---|---|---|---|---|---|
| 100% | 7% | 18% | 35% | 11% | 15% | 14% |
| 9 | 0.630 | 1.620 | 3.150 | 0.990 | 1.350 | 1.260 |
| 10 | 0.700 | 1.800 | 3.500 | 1.100 | 1.500 | 1.400 |
| 11 | 0.770 | 1.980 | 3.850 | 1.210 | 1.650 | 1.540 |
| 12 | 0.840 | 2.160 | 4.200 | 1.320 | 1.800 | 1.680 |
| 12.5 | 0.875 | 2.250 | 4.375 | 1.375 | 1.875 | 1.750 |
| 13 | 0.910 | 2.340 | 4.550 | 1.430 | 1.950 | 1.820 |
| 14 | 0.980 | 2.520 | 4.900 | 1.540 | 2.100 | 1.960 |
| 15 | 1.050 | 2.70 | 5.250 | 1.650 | 2.250 | 2.100 |

(6) 加粗结构线，标注纱向以及衣片名称

完善结构图的细节，如图 3-8 所示。

## 三、袖原型结构制图

### 1. 袖原型结构线的名称

袖原型结构线的名称如图 3-9 所示。

### 2. 制图规格

绘制袖原型需要的尺寸是袖长，取 160/84A 的人体基本尺寸。

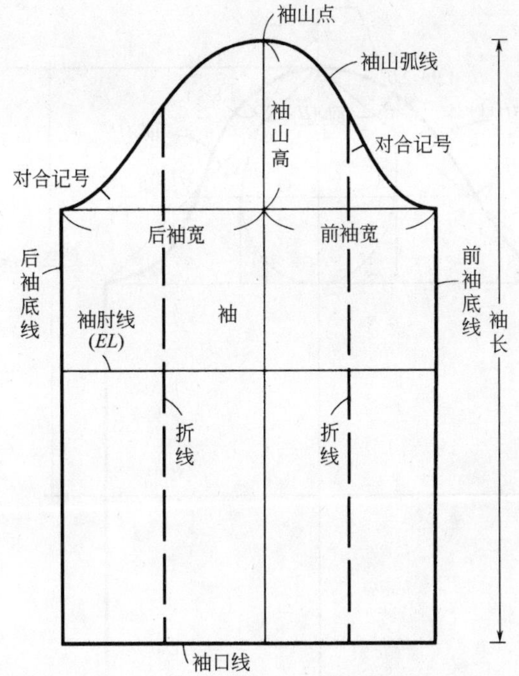


图 3-9　袖原型各部位主要结构线的名称

基础袖长 = 52cm（肩端点经手肘至手腕围凸点的长度）

成品袖长 = 基础袖长 + 5 = 57cm（肩端点经手肘至手掌三分之一的长度）

**3. 袖原型结构制图步骤**

(1) 确定袖山高

如图 3-10 所示，合并前片的袖窿省，拷贝衣身原型的袖窿。将衣身侧缝线向上延长，从前后肩端点分别做水平线，并等分前后肩端点高度差，从等分点到腋下点（即袖窿深）进行 6 等分，取 5/6 为袖山高。

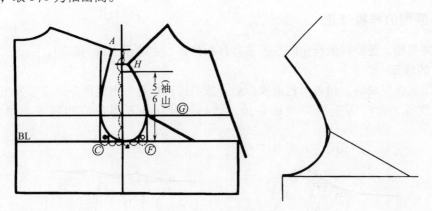

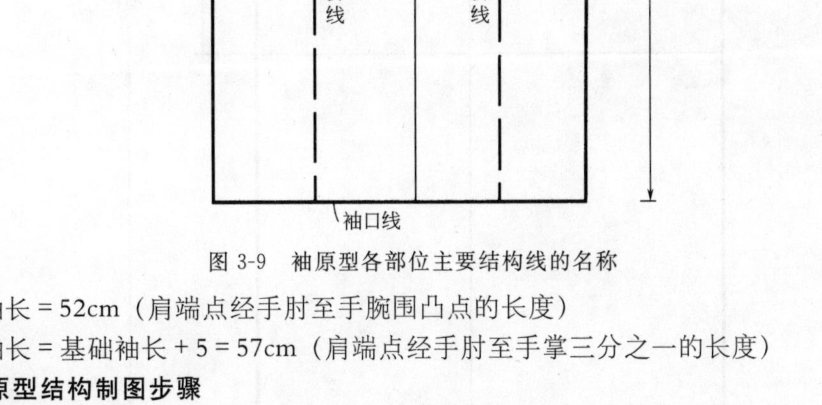


图 3-10　袖山高的取值

(2) 绘制前后袖山斜线

前袖山弧线长等于前袖窿弧 *AH*，后袖山弧线长等于后袖窿弧 *AH* + 0.7～1，如图 3-11 所示。

(3) 确定袖长，绘制前后袖缝线、袖口线、袖肘线

如图 3-11 所示，按图绘制各条线。

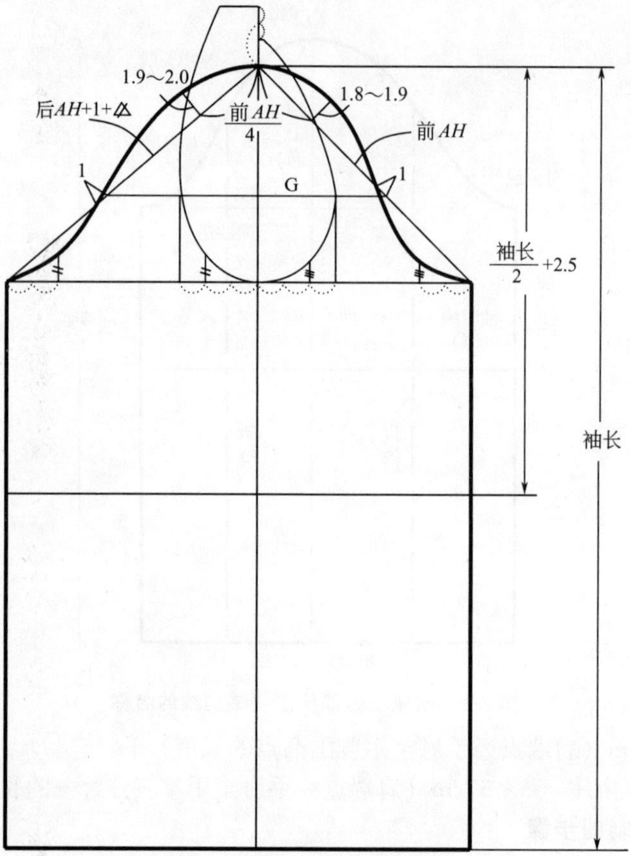


图 3-11 袖原型结构图

(4) 绘制袖山弧线

如图 3-11 所示，先确定一些辅助定位点，然后圆顺地连接各点，绘制袖山弧线。

## 四、原型的样板修正

绘制完原型，还要对纸样中的线条进行样板修正，才能用于裁剪缝制。

**1. 省的修正**

在原型制图完成后，将各个省道模拟缝合效果进行折叠，省道所在的边会发生凹进或者不圆顺的现象，此时需重新画顺这条边，然后展开，补齐修正后的线条，如图 3-12～图 3-15所示。

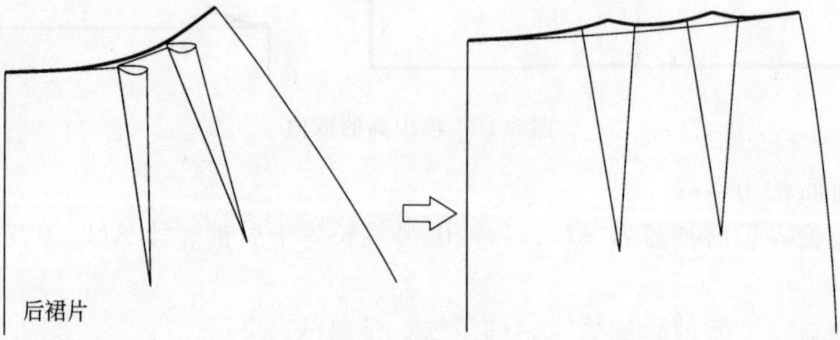


图 3-12 裙腰省的修正

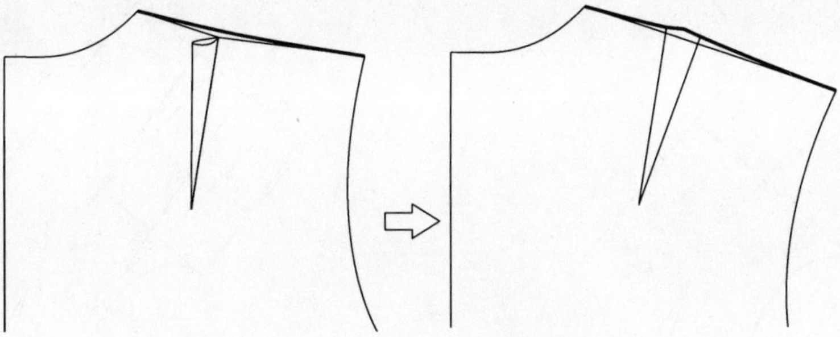

图 3-13　后衣身肩省的修正

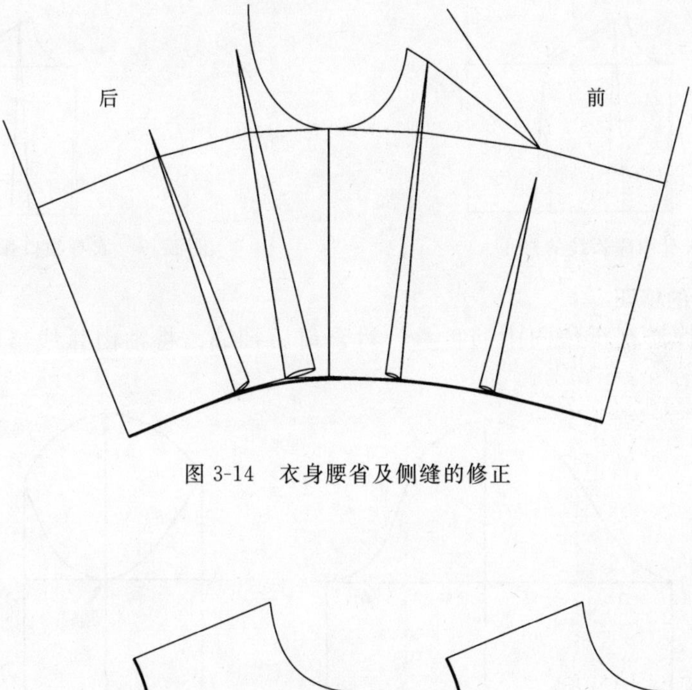


图 3-14　衣身腰省及侧缝的修正

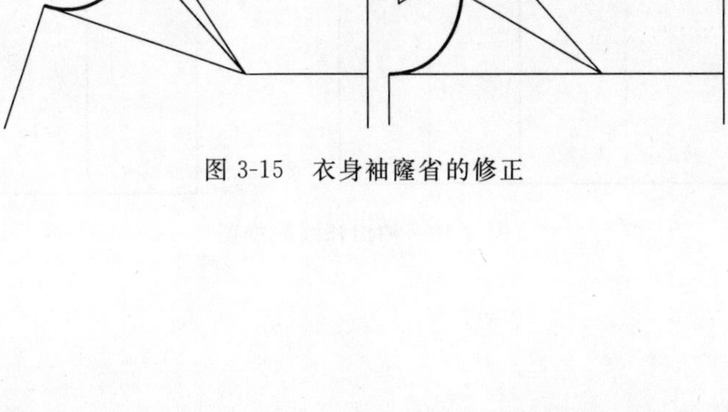

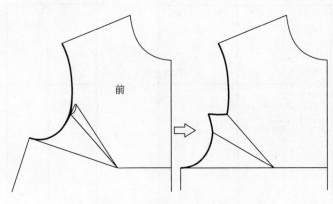


图 3-15　衣身袖窿省的修正

**2. 袖窿和领口的修正**

袖窿和领口的修正，如图 3-16、图 3-17 所示。

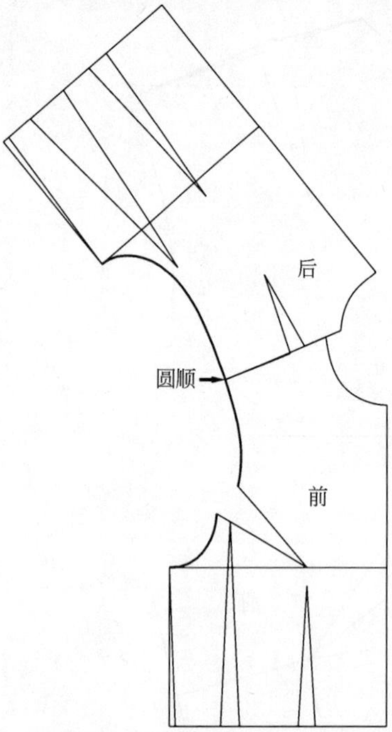


图 3-16 衣身袖窿弧线的修正

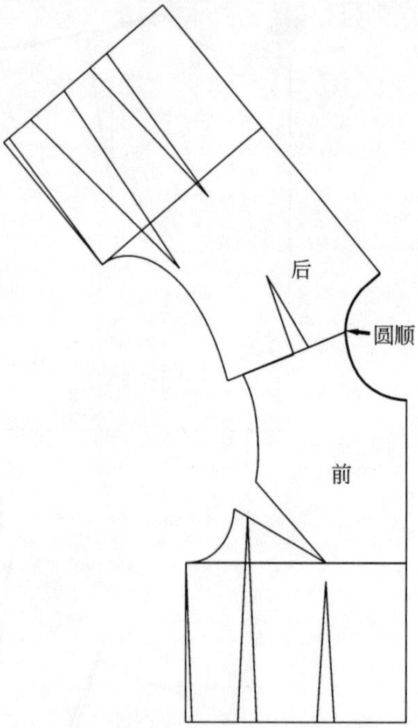


图 3-17 衣身领口弧线的修正

**3. 袖山弧线的修正**

将袖原型纸样沿袖折线向中间折叠，对合前后袖缝，将袖山弧线修圆顺，如图 3-18 所示。

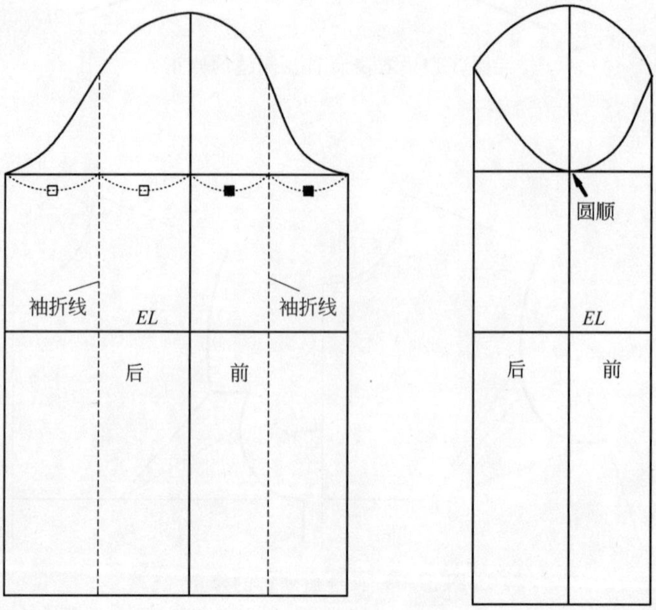


图 3-18 袖山弧线的修正

## 五、第七代文化式衣身原型结构图

### 1. 规格

单位：cm

| 号型 | 部位名称 | 背长 | 胸围(B) | 袖长 |
|---|---|---|---|---|
| 160/84A | 净体尺寸 | 38 | 84 | |
| | 成品尺寸 | 38 | 94 | 52 |

### 2. 结构制图步骤

(1) 绘制基础线

基础线绘制如图 3-19 所示。

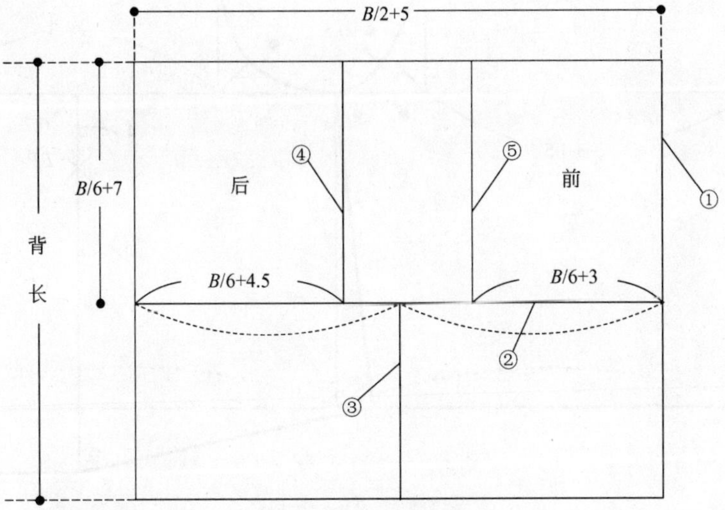


图 3-19　衣身原型基础线

① 绘制一个矩形，长为背长，宽为 B/2 + 5cm。

② 自上而下量取 B/6 + 7cm，画水平线，即胸围线（BL）。

③ 在胸围线上取中点，向下画垂直线，即前后侧缝基础线。

④ 距后中心线 B/6 + 4. 5cm 处，自胸围线向上画垂直线，形成背宽线。

⑤ 距前中心线 B/6 + 3cm 处，自胸围线向上画垂直线，形成胸宽线。

(2) 绘制辅助线

如图 3-20 所示。

① 后领弧线的辅助线。自矩形的左顶点向右量取 B/20 + 2. 9cm，作为后领口的宽度，用“◎”表示。把该段三等分，每个等分用“○”表示。然后，向上作垂直短线，线长 = ○。

② 后肩斜度辅助线。自背宽线顶点向下取长○，背宽线外作水平线段长，线长 = 2cm。

③ 前肩斜度辅助线。自胸宽线顶点向下取长 2○，胸宽线外作水平线段。

④ 前领弧辅助线。取◎ − 0. 2cm 为前领口宽，◎ + 1cm 为前领口深，画长方形框。将前领口宽两等分，每个等分宽度为“□”。自交点作 45 ˚斜线，斜线长 = □ − 0. 3cm，确定一点为前领弧线的定位点。

⑤ 后袖窿弧线的辅助线。将背宽线至侧缝线的距离两等分，每个等分宽为“●”，自交点作 45˚斜线，线长 = ● + 0. 5cm，确定一点为后袖窿弧线的定位点。

⑥ 前袖窿弧线的辅助线。自胸宽线与胸围线的交点作 45˚斜线，线长 = ●，确定一点为

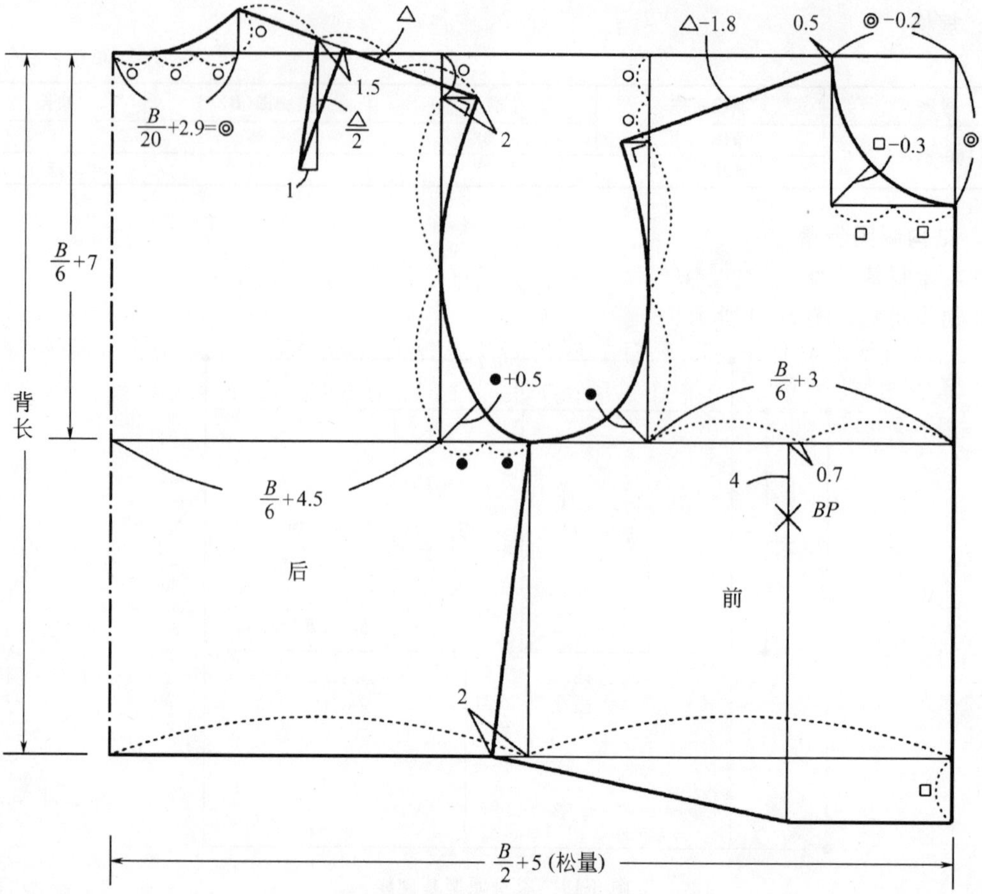


图 3-20 第七代文化式衣身原型

后袖窿弧线的定位点。

⑦ 胸点辅助线。在胸围线上，胸宽线与前中心线的一半处向外侧 0. 7cm 点，向下作垂直线。

⑧ 确定 *BP* 点。自胸围线沿胸点辅助线向下 4cm，确定胸点（*BP*）位置。因为胸点在结构设计时经常使用，所以特别用十字叉标记出来。

⑨ 前腰下加量。前中心线向下延长□量，然后作一水平线，与胸点辅助线相交。

(3) 绘制轮廓线

如图 3-20 所示。

① 画后领弧。取后领宽中点，连接侧颈点为后领弧线的切线，借助曲线尺画后领弧线，注意后颈点处应呈直角。

② 画肩线。连接侧颈点与肩点绘制肩线，同时测量肩线长度为“▲”（图 3-21）。

③ 画后袖窿弧线。在背宽线上，自肩斜辅助线至胸围线间取中点为后袖窿弧线的切点，用曲线尺连接肩点、袖窿弧线辅助的切点与定位点以及腋下点，画后袖窿弧线。要求弧线自然圆顺，肩点处呈直角。

④ 画侧缝线。将侧缝基础线下端点向后偏移 2cm 定点，连接腋下点为前后侧缝线。

⑤ 画后片轮廓线。沿基础线，用粗实线描画后片封闭的轮廓线。

⑥ 画前领弧。将前片的侧颈点下移 0.5cm（因为脖子稍前倾），借助曲线尺连接前领弧辅助定位点、前颈点画前领弧线，注意前颈点处呈直角。

⑦ 画前肩线。自侧颈点起，与前肩斜辅助线相交画前肩线，前肩线长 = 后肩线长度 - 1.8cm。

⑧ 画前袖窿弧线。在胸宽线上，自肩斜辅助线至胸围线间取中点为前袖窿弧线的切点，用曲线尺连接肩点、袖窿弧线辅助的切点与定位点以及腋下点，画前袖窿弧线。要求弧线自然圆顺，肩点处呈直角，并与后袖窿弧线的衔接自然。

⑨ 画前片轮廓线。沿基础线，用粗实线描画前片封闭的轮廓线。

（4）省道的确定

由于女子体型有胸部隆起、肩胛骨突出、腰部纤细的特点，而平面的衣身原型达不到这种凹凸有致的立体形态，只有把那些离开身体的余量去除，才能使衣片贴近人体，呈现合体的外观。"省"就是出于这种目的而设立的，通过缝合达到消除余量，使平面形态转化为立体形态。在服装中，缩缝、褶裥、分割等手法也同样可以把平面的布料变化成立体造型。

观察人体上半体，可以发现人体凹凸产生的余量主要集中在肩胛、腰背、胸下这三个区域。所以，第七代文化式衣身原型上设置三个省，即肩省、后腰省和前腰省（胸省）。肩省如图 3-20 所示，前、后腰省如图 3-21 所示。

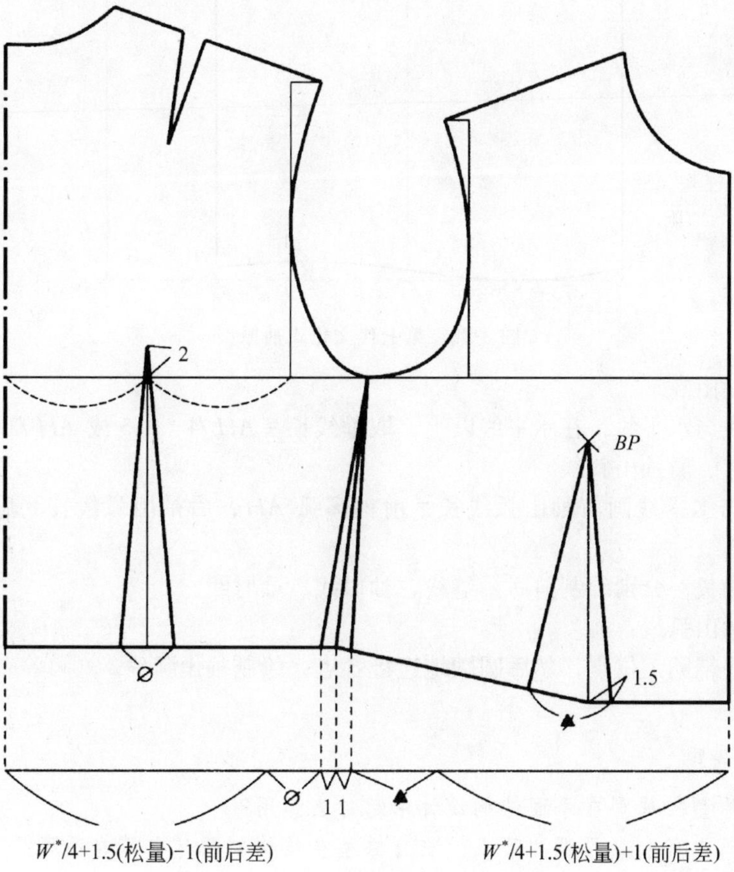


图 3-21　第七代文化式衣身原型腰省

## 六、第七代文化式袖原型结构图

**1. 制图规格**

基础袖长 = 52cm（肩端点经手肘至手腕围凸点的长度），成品袖长 = 基础袖长 + 5 = 57cm（肩端点经手肘至手掌 /3 的长度），前袖窿弧长 = 前 *AH*，后袖窿弧长 = 后 *AH*，前、后袖窿弧之和 = *AH*。

**2. 结构图制图步骤**

如图 3-22 所示。

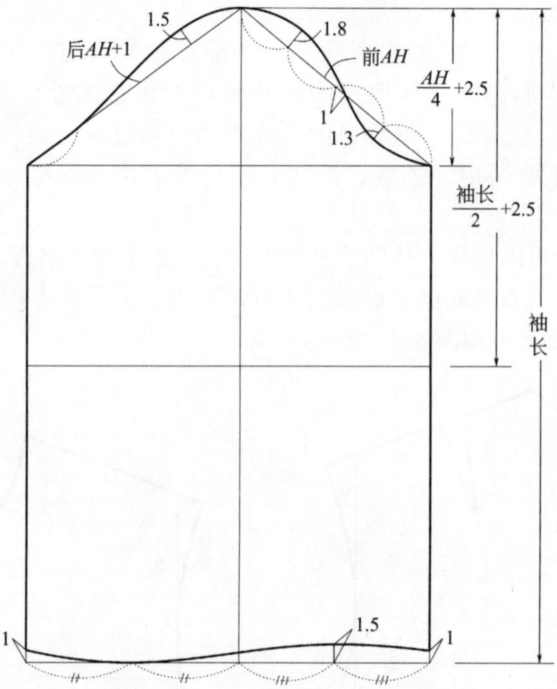


图 3-22 第七代文化式袖原型

(1) 确定袖山高

画十字垂线与水平线，在水平线以上，取垂线长 = *AH* /4 + 2. 5 或 *AH* /3 = 袖山高。

(2) 绘制前、后袖山斜线

袖山顶点向水平线画前袖山弧线长 = 前袖窿弧 *AH*，后袖山弧线长 = 后袖窿弧 *AH* + 0. 7～1。

(3) 确定袖长，分别绘制前后袖缝线、袖口线、袖肘线。

(4) 绘制袖山弧线

先确定一些辅助定位点，然后圆顺地连接各点，绘制袖山弧线。

### 思考题

1. 什么是原型？原型在平面结构设计中起什么作用？
2. 文化式第七代衣身原型和第八代衣身原型在结构制图时有哪些不同？

# 第四章

# 衣身结构变化原理

【学习目标】通过本章学习，理解省道的含义，掌握衣身省道转移原理，并学习衣身分割结构设计及衣身褶裥设计，从而了解与掌握衣身结构变化规律，并能举一反三，具有灵活运用的能力。

【能力设计】重点：衣身的胸省位置、省道转移方法、省道全部与部分转移操作、实际省尖设定、胸省转移等原理及案例。

难点：(1) 衣身省道转移的规律和方法。

(2) 衣身公主线、刀背缝的绘制。

(3) 衣身各种褶裥设计的结构处理。

女上衣衣身的款式造型变化多种多样，常见结构变化有三类：一类是省道的变化，主要包括省道数量以及省道位置的改变；第二类是衣身的分割，根据合体性和装饰性，在衣身片上做各种形状的分割线；第三类是衣身的褶裥变化，通过设置各类褶裥实现服装的合体与立体造型风格。这三类变化方式在服装款式及结构设计时可以互相组合，使得衣身的款式变化更加丰富多彩。

本章内容应为女上装结构设计打下基础。重点是通过对大量结构变化实例的学习，掌握和理顺结构变化的原理和设计思路；省道变化则是衣身结构的重要手段，难点在于灵活运用衣身省道变化原理进行结构设计。

## 第一节　衣身省道转移原理及实例

省道是用平面的布包覆人体曲面时，根据曲面曲率的大小而折缝的多余部分。因此，省道是实现服装三维造型的方法之一。原型衣身包覆人体腰部以上的躯干部分（不包括上肢和颈部），女体腰部以上躯干最明显的凸起（曲面）是胸凸和肩胛凸，相比较而言，胸凸比肩胛凸明显，因此在应用设计中，针对胸凸结构设计要比肩胛凸结构设计范围广而复杂。

### 一、胸省

胸省是衣身原型前衣片省道的总称。原型前衣身片含有胸凸省和腰省，胸凸省是女体乳房外凸转折而形成的余量，腰省是胸腰围差而产生的余量，在前片所有省道中，省尖指向 *BP* 点的省道以 *BP* 点为中心进行 360°转移，省尖不指向 *BP* 点的省道则根据服装的合体度决定去留量。根据省道的位置不同，可以把胸省分别设在以下几种位置，如图 4-1 所示。

① 肩省
② 领省（领口省）
③ 中心省（门襟省）
④ 腰省
⑤ 腋下省（侧缝省、横省）
⑥ 袖窿省

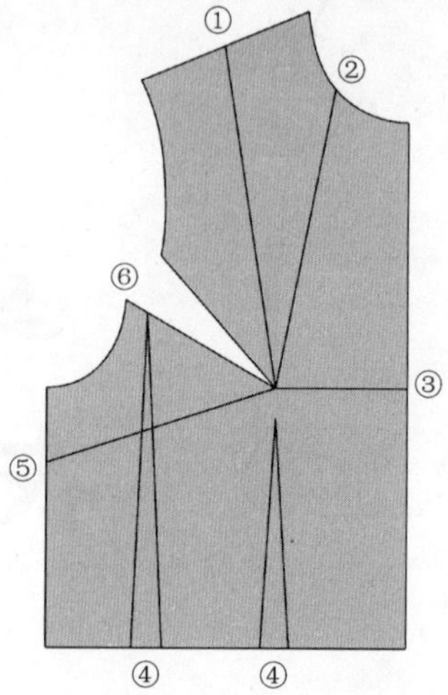

图 4-1 省道位置

## 二、省道转移的方法

省道转移的常用方法有两种。

**1. 剪开法**

设新省道位置与 *BP* 点连线，沿这条线剪开，闭合原来的省道，使原省量转移到新省位，即完成了省道转移，如图 4-2 所示。这种方法易于理解和操作，非常适合初学者使用。

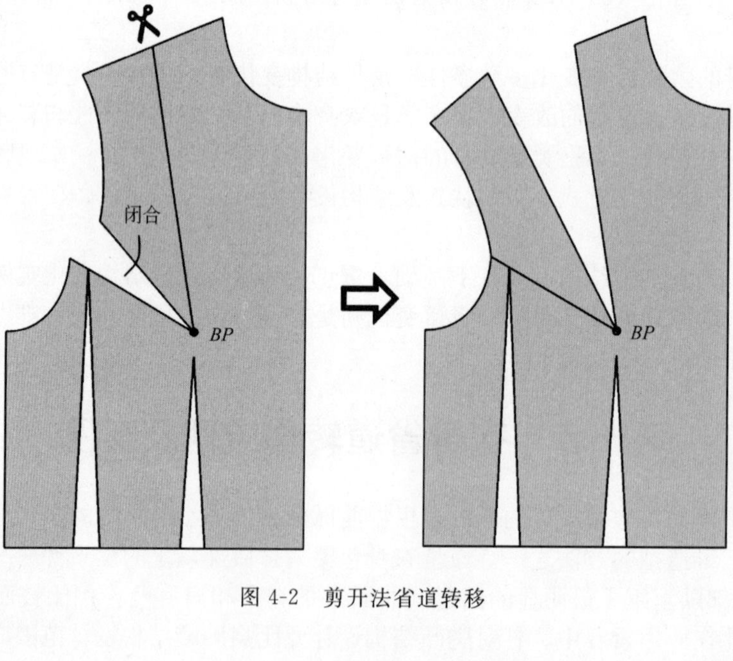

图 4-2 剪开法省道转移

**2. 旋转法**

设新省道位置与 *BP* 点连线，按住 *BP* 点不动，旋转原型使原省道的一省边线旋转至另一省边线，描画从新省道到原省道之间的轮廓线，如图 4-3 所示。此方法操作简便快捷，不需要使用剪刀、胶带等其他工具，但此方法需要对省道转移有一定的理解，应在掌握省道转移的原理之后使用。

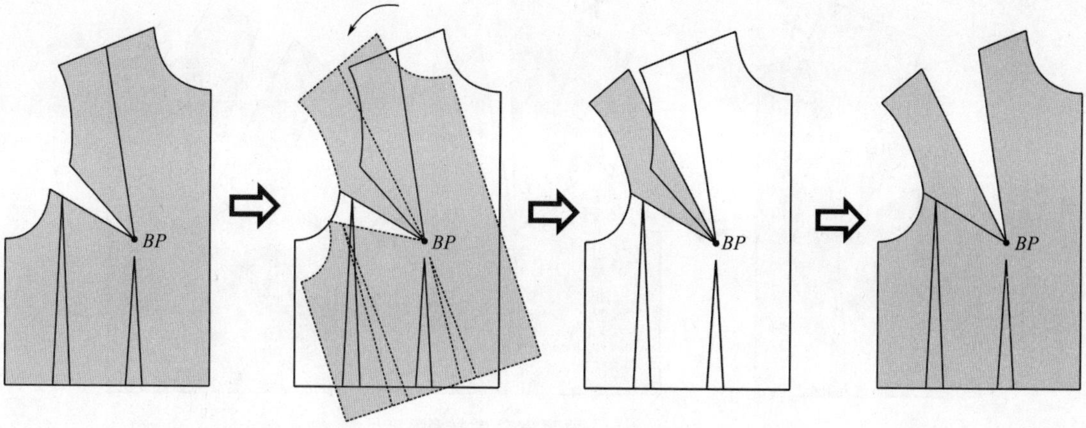


图 4-3　旋转法省道转移

## 三、各种省道转移操作实例

**1. 袖窿省转移的操作**

（1）袖窿省全部转移的操作

如图 4-4 所示，该图例是将袖窿省全部转移至腰省的操作原理与方法。

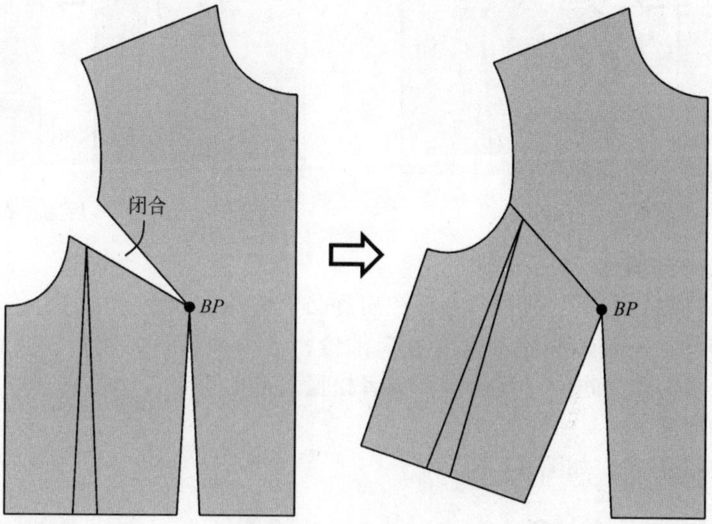


图 4-4　袖窿省全部转移

（2）袖窿省分散转移的操作

如图 4-5 所示，所谓袖窿省分散转移，是将一个省道转移成 2 个或者 2 个以上的省道，该图例是将袖窿省转移为肩省和领省。

**2. 侧腰省转移的操作**

衣身原型前后片的腰部各有两个腰省，为了区分，把其中靠近侧缝的腰省叫做侧腰省。衣身原型前后片侧腰省的省尖点不指向人体的凸起点，因此不参与省道转移。对于较宽松的服装，它的省量可以作为腰部的松量，将省道忽略；对于合体服装，侧腰省的部分作为腰部松量，部分闭合；对于紧身款式的服装，将侧腰省全部闭合即可，如图 4-6、图 4-7 所示。

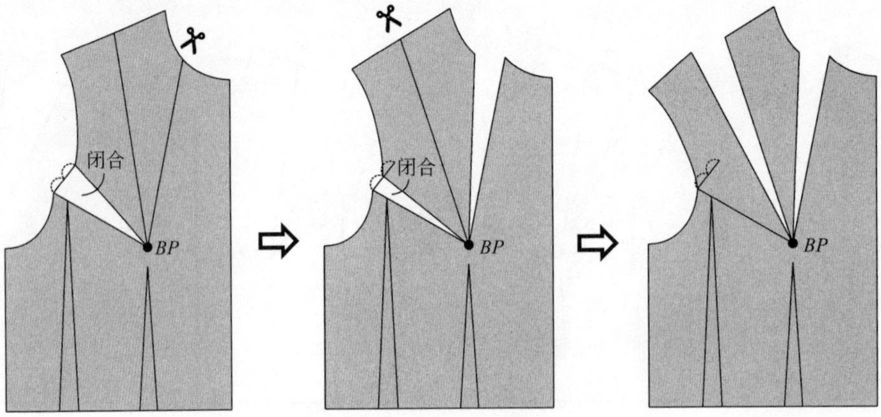


图 4-5　袖窿省分散转移

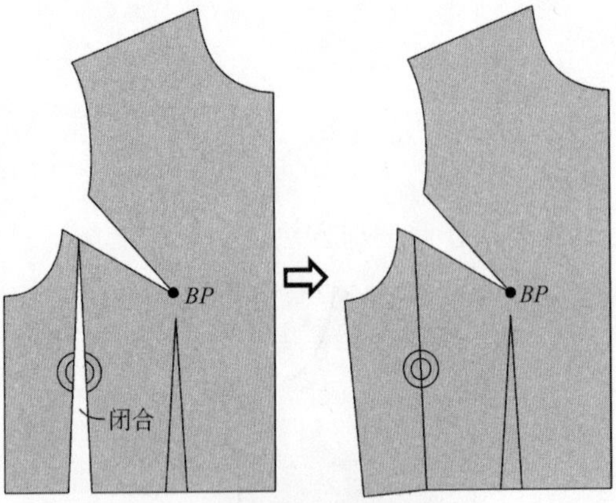


图 4-6　前侧腰省合并

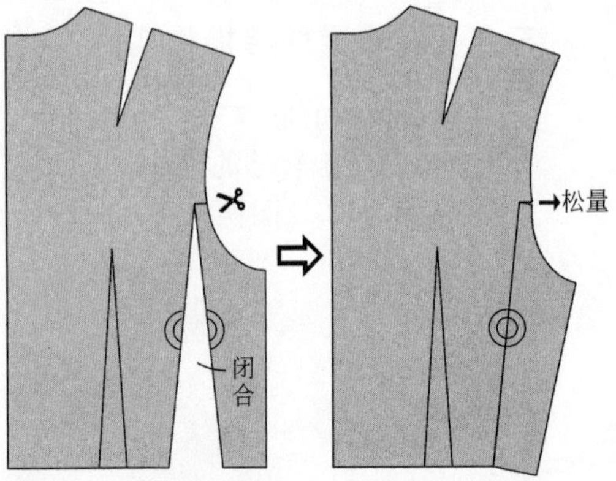


图 4-7　后侧腰省合并

**3. 后肩省转移的操作**

后肩省由于肩胛凸是一个面，省尖落在肩胛凸上的凸点，肩胛骨之下体表较平，所以后肩省只能 180°转移，一般转移到袖窿或领口部位，成为袖窿省、领省；或者通过分散转移到肩部、袖窿、领口作为吃势（缩缝量）或者松量，从而符合人体后肩造型。常见的后肩省转移有以下五种情况。

① 肩省转移为领省，如图 4-8 所示。

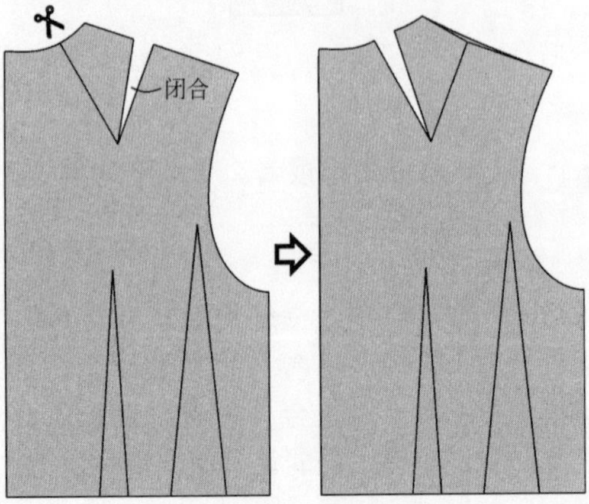


图 4-8　肩省转为领省

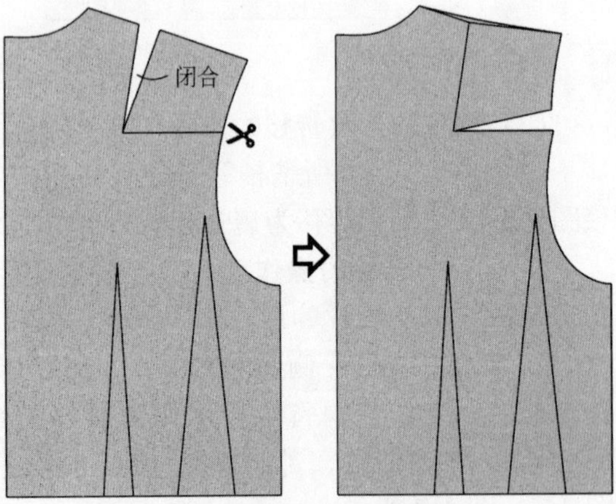


图 4-9　肩省转为袖窿省

② 肩省转移为袖窿省，如图 4-9 所示。

③ 肩省转移为肩部吃势量和袖窿松量，如图 4-10 所示。

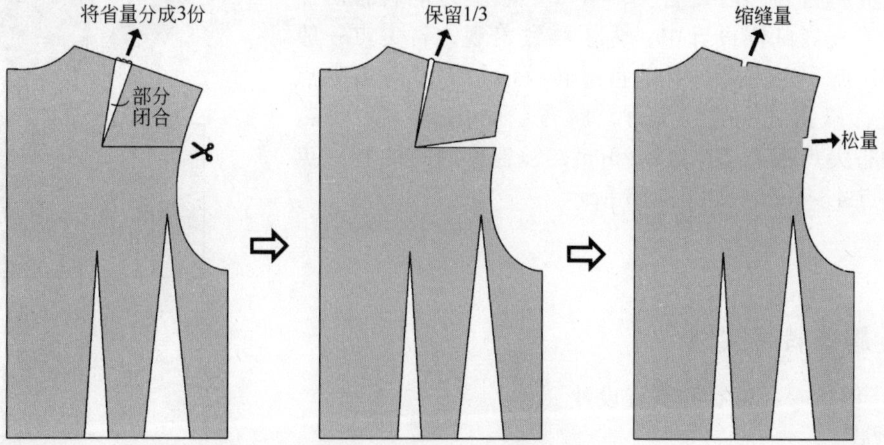


图 4-10　肩省分散转至肩与袖窿

④ 肩省转移为肩部吃势量和领口松量，如图 4-11 所示。

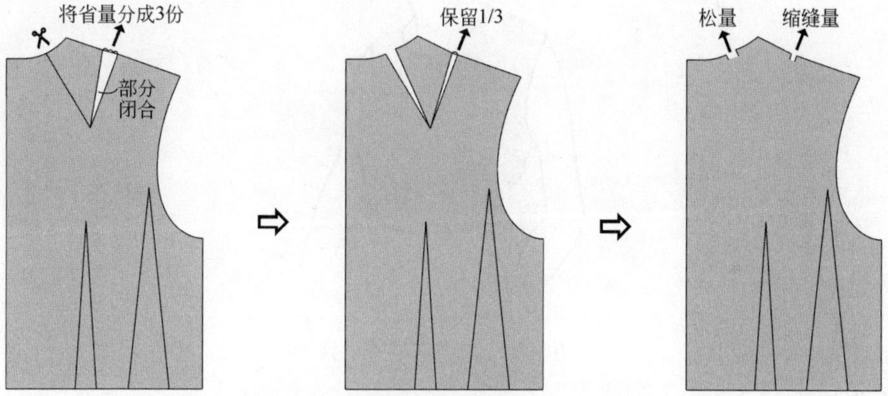


图 4-11　肩省分散转至领口与肩

⑤ 肩省转移为领口和袖窿的松量，如图 4-12 所示。

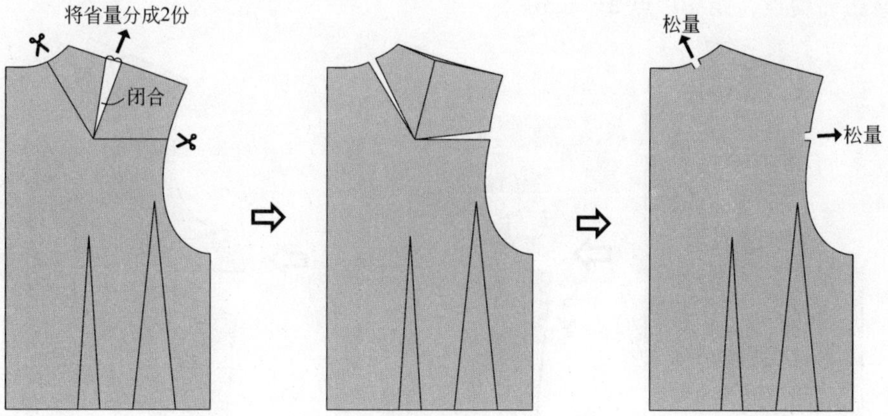


图 4-12　肩省分散转至领口与袖窿

## 四、省尖位置的修正

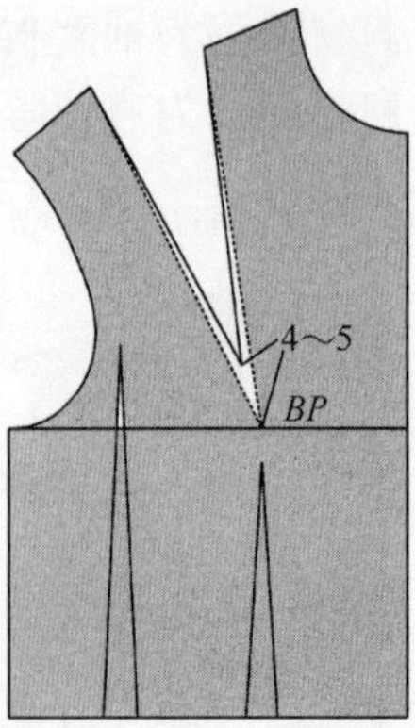

图 4-13 实际省尖位置

前衣身胸省转移时，省尖落在 *BP* 点上方能转移。然而在实际的成衣纸样设计中，为了雅致美观，省尖点一般要离开 *BP* 点一定距离。所以省道转移后，需要对省尖点的位置进行修正。一般情况下，腰省、袖窿省、腋下省、中心省的省尖点距离 *BP* 点2～3cm，领省、肩省的省尖点距离 *BP* 点 4～5cm，如图 4-13 所示。

## 五、胸省转移实例

（一）例款一：横省和腰省设计

**1. 款式**

本款前衣片含有一个横省和一个腰省，如图 4-14 所示。

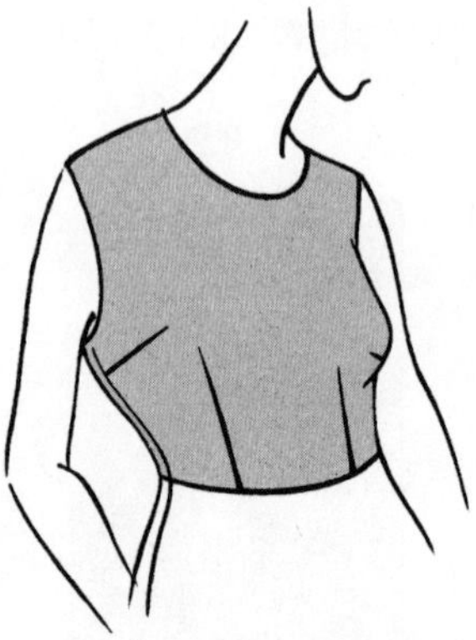
图 4-14 横省和腰省设计

**2. 操作步骤**

① 根据款式闭合侧腰省，设置横省的位置线（图 4-15）。

② 将袖窿省量转移到横省。

③ 修正省尖点，距 *BP* 点 2～3cm。

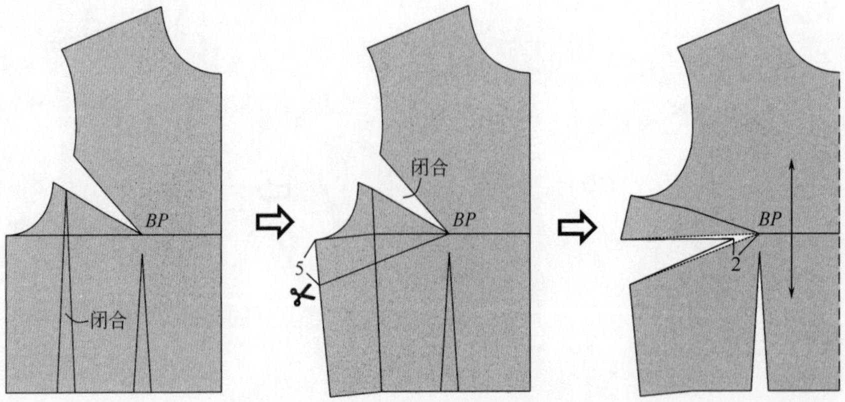

图 4-15 横省和腰省设计转移步骤图

（二）例款二：双腰省设计

**1. 款式**

本款前片设两个平行腰省，如图 4-16 所示。

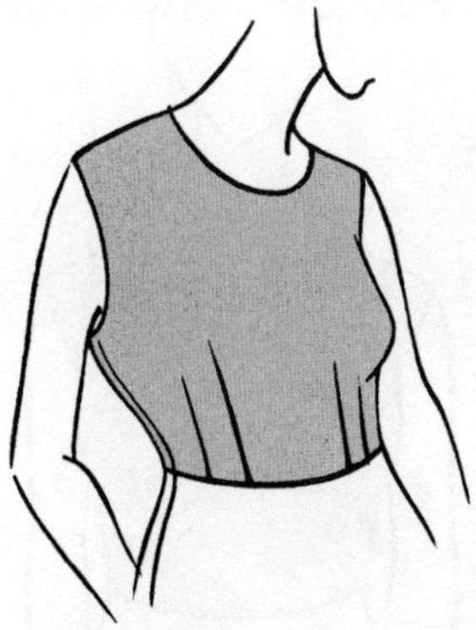

图 4-16　双腰省设计

**2. 操作步骤**

① 根据款式闭合侧腰省，设置横省位，将袖窿省转移至横省（图 4-17）。

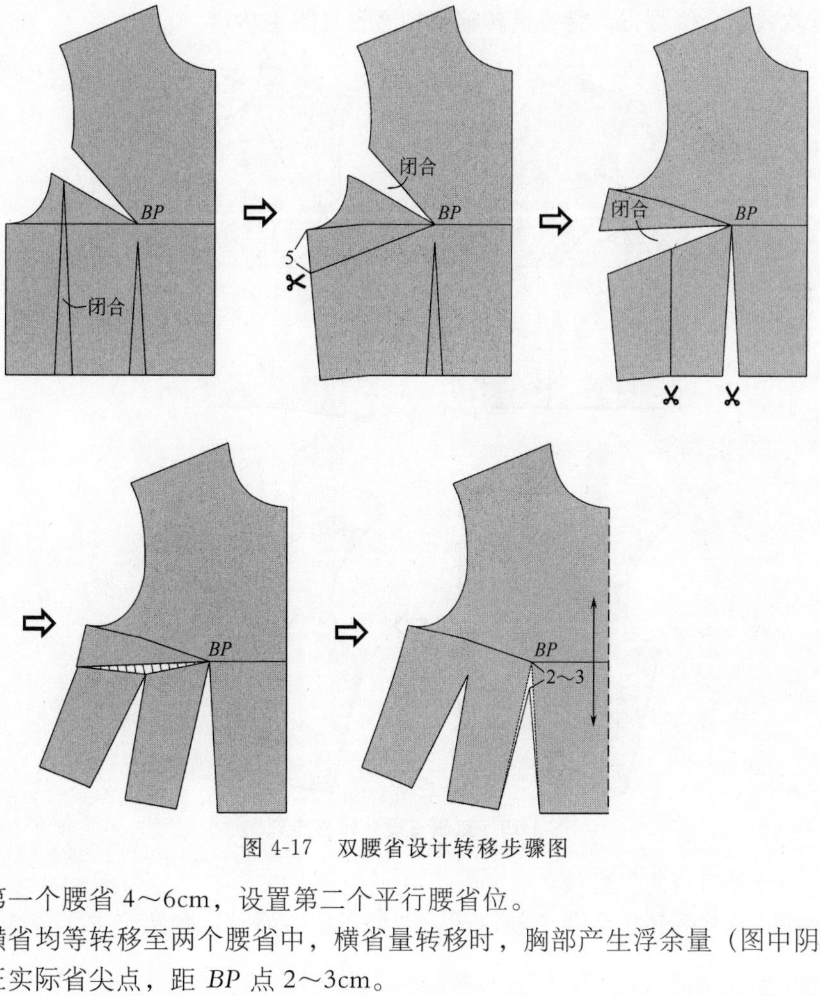


图 4-17　双腰省设计转移步骤图

② 距第一个腰省 4～6cm，设置第二个平行腰省位。

③ 将横省均等转移至两个腰省中，横省量转移时，胸部产生浮余量（图中阴影部分）。

④ 修正实际省尖点，距 *BP* 点 2～3cm。

（三）例款三：双领省设计

**1. 款式**

本款前衣片设两个平行的领口省，如图 4-18 所示。

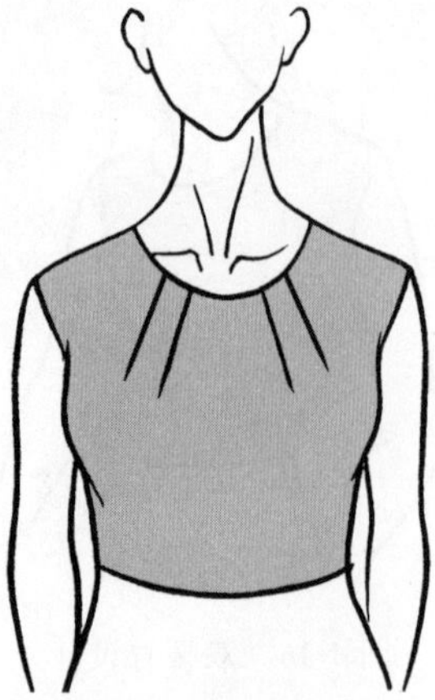

图 4-18　双领省设计

**2. 操作步骤**

① 根据款式闭合侧腰省，腰省量转移至袖窿省（图 4-19）。

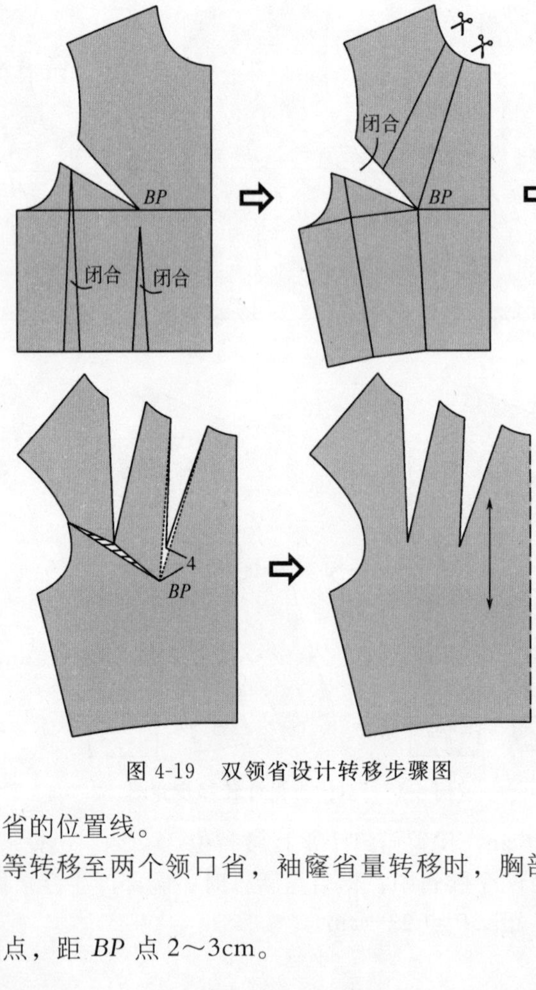


图 4-19　双领省设计转移步骤图

② 设置两个领口省的位置线。

③ 将袖窿省量均等转移至两个领口省，袖窿省量转移时，胸部产生浮余量（图中阴影部分）。

④ 修正实际省尖点，距 *BP* 点 2～3cm。

（四）例款四：前上开门襟及后育克设计

**1. 款式**

本款前片设一个中心省，前中心上半部分开门襟，后片育克分割，如图 4-20 所示。

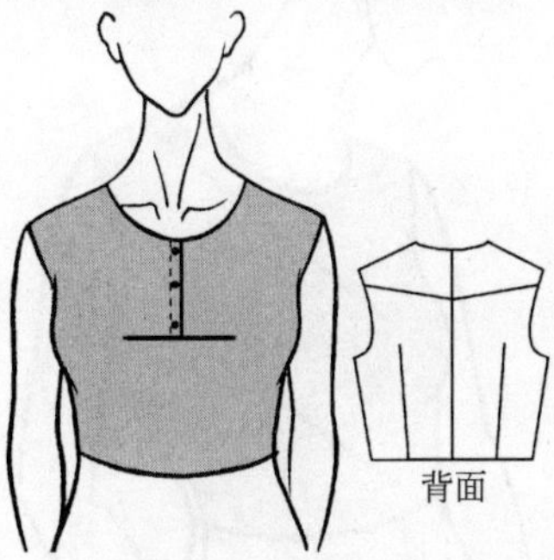


图 4-20 育克设计

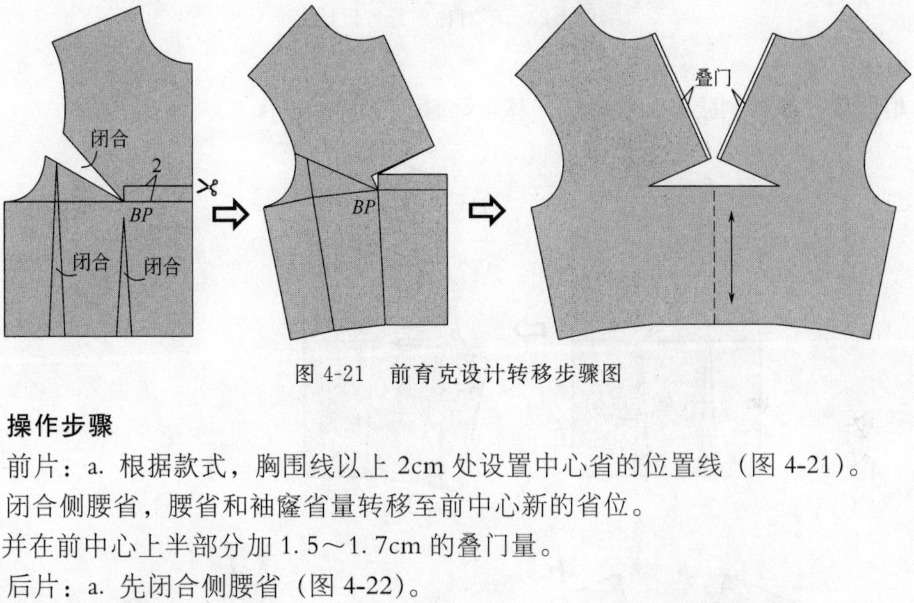


图 4-21 前育克设计转移步骤图

**2. 操作步骤**

① 前片：a. 根据款式，胸围线以上 2cm 处设置中心省的位置线（图 4-21）。

b. 闭合侧腰省，腰省和袖窿省量转移至前中心新的省位。

c. 并在前中心上半部分加 1. 5～1. 7cm 的叠门量。

② 后片：a. 先闭合侧腰省（图 4-22）。

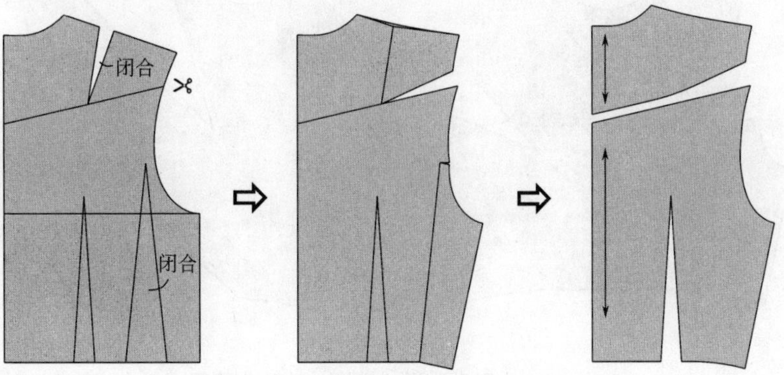


图 4-22 后育克设计转移步骤图

b. 过肩省的省尖点设置育克分割线。

c. 将肩省转移至分割线。

### （五）例款五：不对称平行省设计

**1. 款式**

本款前衣片设左右不对称的平行省，一是肩省，另一是腰省，如图 4-23 所示。

图 4-23　不对称平行省设计

**2. 操作步骤**

① 根据款式闭合侧腰省，腰省量转移至袖窿省（图 4-24）。

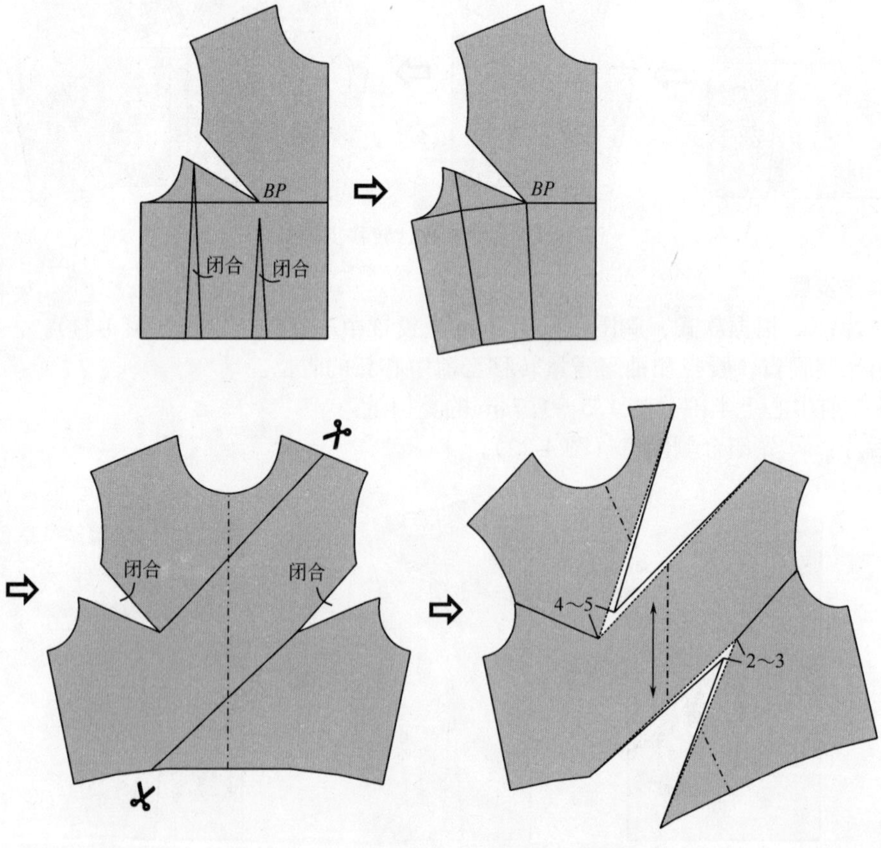


图 4-24　不对称平行省设计转移步骤图

② 将衣片对称展开，根据款式设定新省位置线。

③ 将袖窿省量分别转移至新省道处。

④ 修正实际省尖点，肩省尖距 *BP* 点 4～5cm，腰省尖距 *BP* 点 2～3cm。

（六）例款六：Y 字形中心省设计

**1. 款式**

本款前衣片中心设置一个 Y 字形省道，如图 4-25 所示。

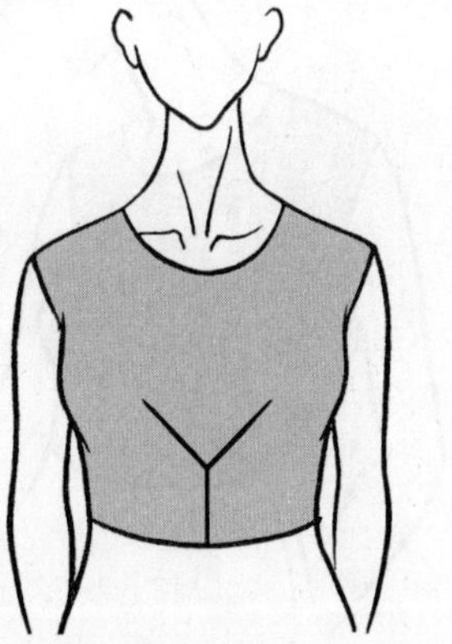

图 4-25　Y 字形中心省设计

**2. 操作步骤**

① 根据款式闭合侧腰省，腰省量转移到袖窿省，设置新省位置线（图 4-26）。

② 将袖窿省量转移至新省位。

③ 修正实际省尖点，距 *BP* 点 2～3cm。

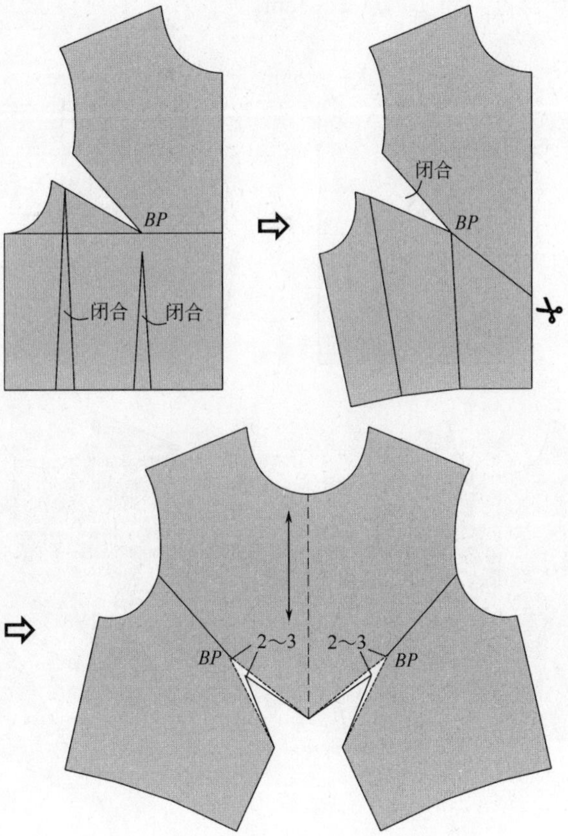


图 4-26　Y 字形中心省设计转移步骤图

（七）例款七：斜 V 省设计

**1. 款式**

本款前衣片设左右不对称的省道，两条省线呈斜 V 形相交于左侧摆，如图 4-27 所示。

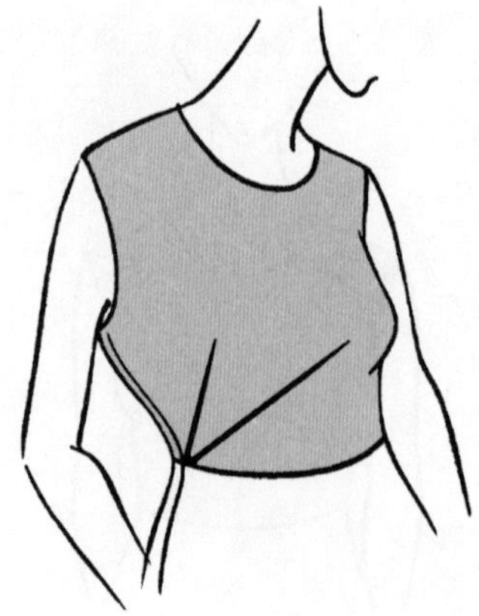

图 4-27　斜 V 省设计

**2. 操作步骤**

① 根据款式闭合侧腰省，腰省量转移至袖窿省（图 4-28）。

② 将衣片对称展开，根据款式设定新省位置线。

③ 将袖窿省量分别转移至新省道处。

④ 修正实际省尖点，省尖距 *BP* 点 2～3cm。

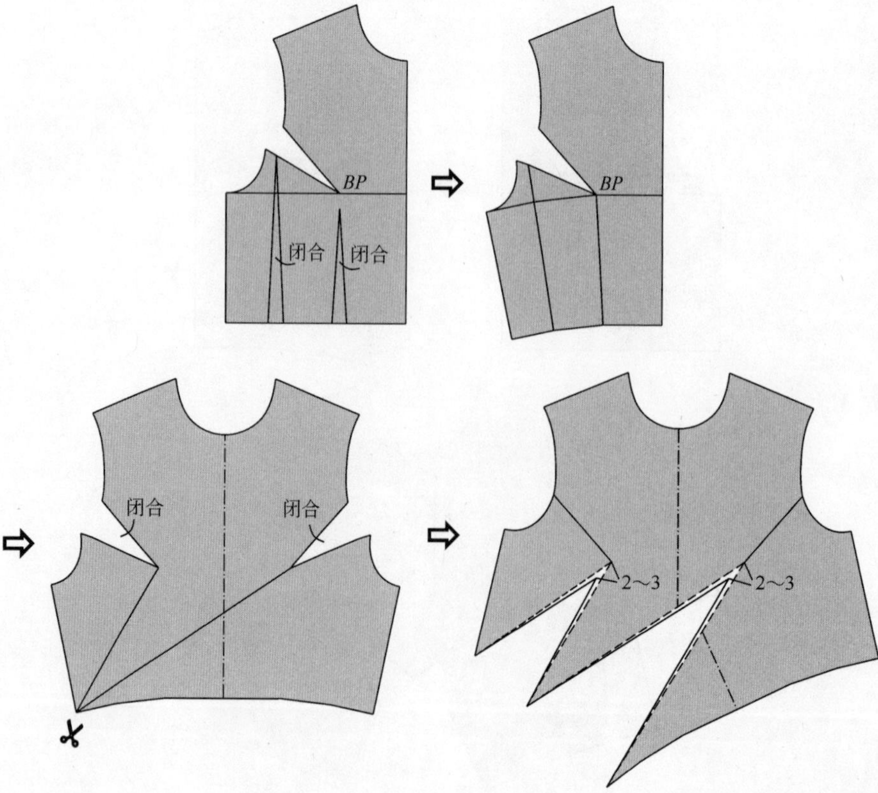


图 4-28　斜 V 省设计转移步骤图

（八）例款八：领口辐射省设计

**1. 款式**

本款前衣片领口左右各设置三个省道，三条省线呈辐射状，中间省道最长，如图 4-29 所示。

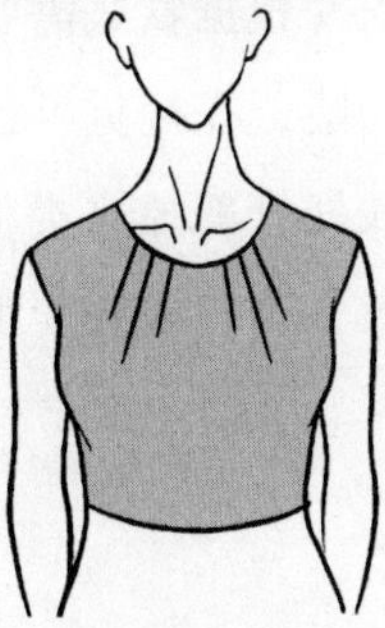

图 4-29　领口辐射省设计

**2. 操作步骤**

① 根据款式闭合侧腰省，腰省量转移至袖窿省（图 4-30）。

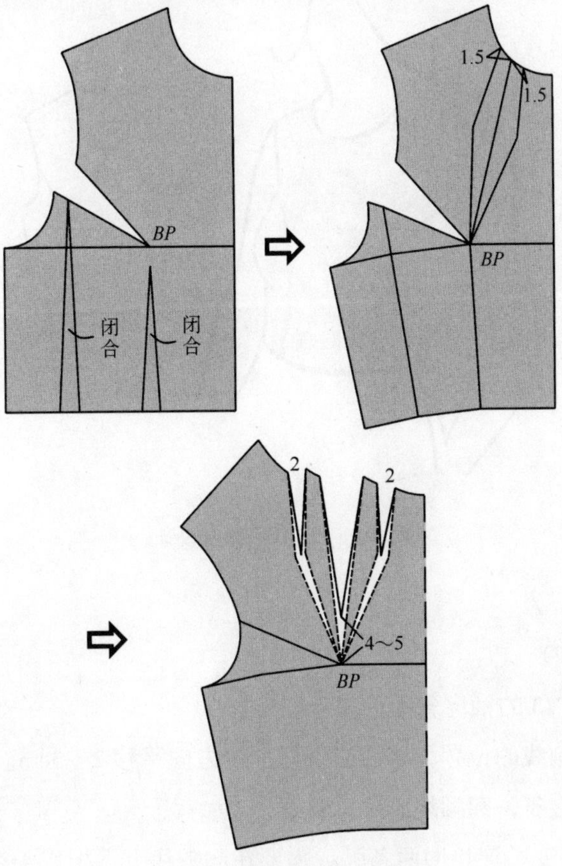


图 4-30　领口省转移步骤图

② 绘制领口三条省位线。

③ 将袖窿省量分别转移至三条省线处，领口左右两个省大均为 2cm，其余省量转移至中间的领省线处。

④ 根据款式修改省尖位置，完成省道变化。

# 第二节　衣身分割原理及实例

所谓分割结构设计就是将服装的衣片根据款式需要分割成多个衣片再进行缝接。服装中的分割线具有两种功能，一种是装饰功能，在视觉上达到美的效果；另一种是实现服装合体性的功能，将各部位多余的量在分割线处修剪掉（类似省道功能）。分割的基本原理就是连省成缝。进行分割设计时，应特别注意分割线线条美观，分割位置均衡，以达到最好的视觉效果。

## 一、例款一：刀背线分割设计

### 1. 款式

本款是女装中经典的刀背分割线，曲面立体，造型美观，如图 4-31 所示。

图 4-31　刀背线分割设计

### 2. 操作步骤

（1）前片（图 4-32）

① 闭合侧腰省，1/3 的袖窿省留为松量。

② 根据款式中分割线的位置，将腰省位向侧缝方向平移 2～3cm。

③ 连接袖窿省与腰省，圆顺地画分割弧线。

为保证胸围尺寸不变，连接的两条弧线需要在胸围线上下相切 4～5cm。

（2）后片（图 4-33）

① 1/2 后肩省转移到袖窿为松量，余留的 1/2 后肩省为吃势量。

② 根据款式需要，闭合侧腰省，将腰省向侧缝方向平移 1～2cm，用圆顺的弧线连接袖窿省与腰省，画分割弧线。

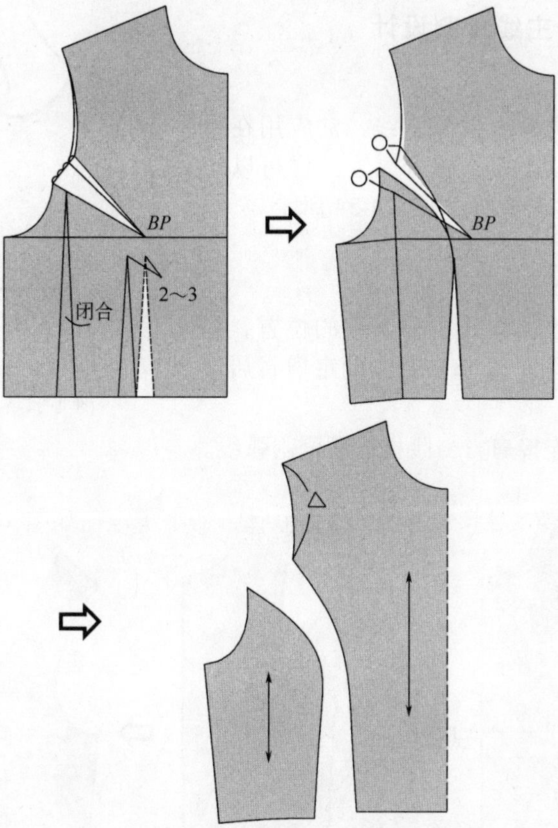


图 4-32　刀背线设计前片转移步骤图

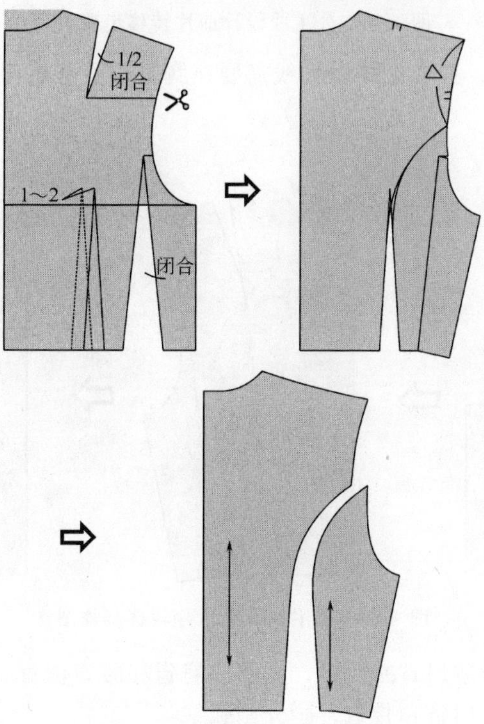


图 4-33　刀背线设计后片转移步骤图

## 二、例款二：公主线分割设计

**1. 款式**

本款是女装中经典的公主分割线，常应用在女上装结构设计中，相似于刀背缝分割，同样可以塑造凸胸吸腰、肩背贴体的造型，如图 4-34 所示。

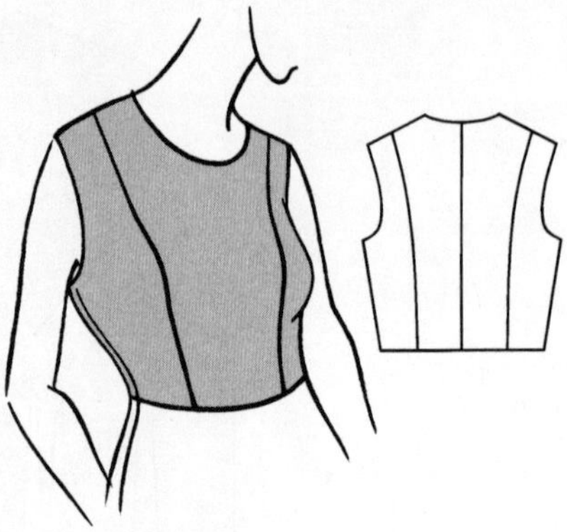

图 4-34 公主线分割设计

**2. 操作步骤**

(1) 前片（图 4-35）

① 闭合侧腰省，根据款式中分割线的位置，将腰省位向侧缝方向平移 1～2cm，顺势确定肩省居中稍侧偏。

② 用圆顺的弧线连接肩省与腰省，画分割弧线。

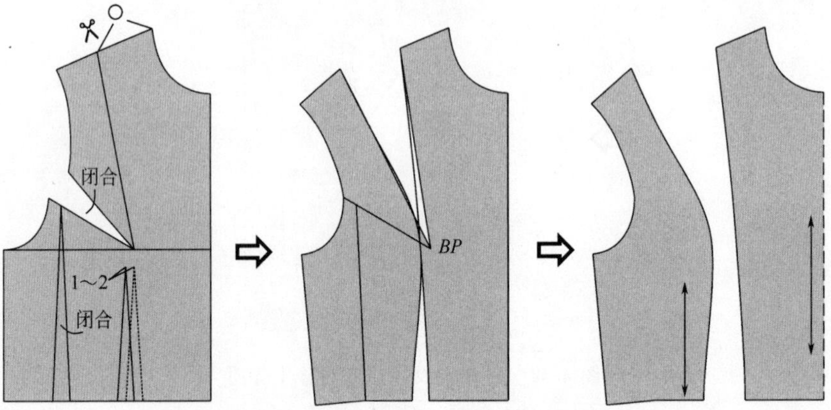


图 4-35 公主线设计前片转移步骤图

为保证胸围尺寸不变，连接的两条弧线需要在胸围线上下相切 4～5cm。

(2) 后片（图 4-36）

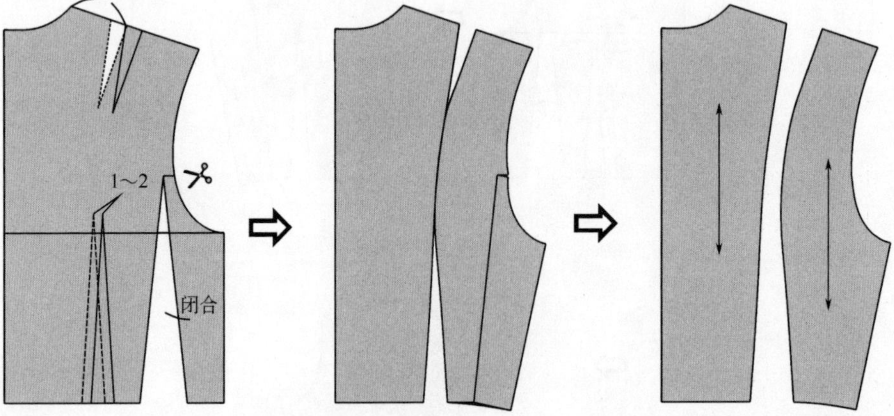


图 4-36 公主线设计后片转移步骤图

① 闭合侧腰省，根据前肩省的位置，调整后肩省和腰省位置。

② 用圆顺的弧线连接肩省和腰省，画分割弧线。

为保证背宽及胸围不变，连接的两条弧线需要在肩胛凸处相切 6～8cm。

## 三、例款三：横省和腰省弯弧分割设计

**1. 款式**

本款中的分割线是从前衣片腋下横向而出，在胸凸附近转弯后直达腰部，如图 4-37 所示。

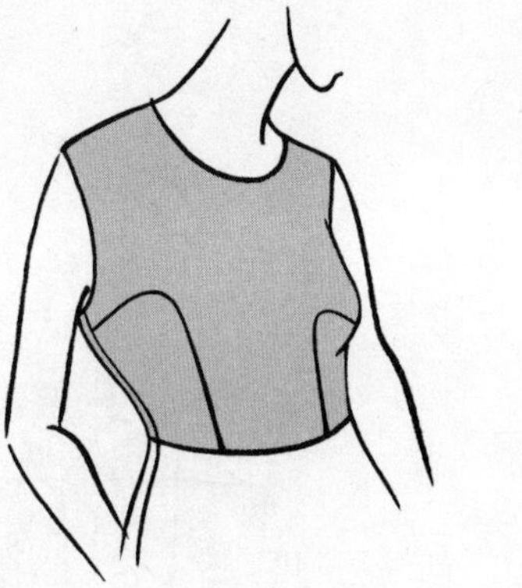

图 4-37　横省和腰省分割设计

**2. 操作步骤**

具体步骤如图 4-38 所示。

(1) 闭合侧腰省，根据款式设置横省位置线，将袖窿省量转移至横省。

(2) 用圆顺的弧线连接横省与腰省，画分割弧线。

连接的两条弧线需要在 BP 点附近相切 5cm 左右。

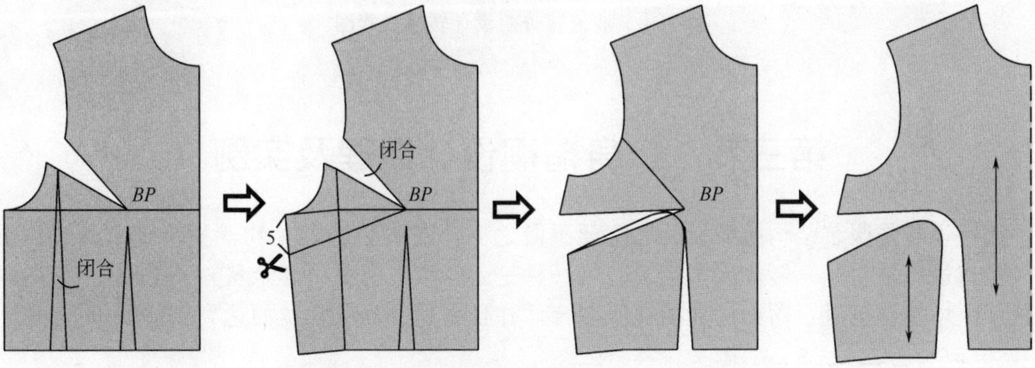


图 4-38　横省和腰省分割设计转移步骤图

## 四、例款四：波浪弧分割设计

**1. 款式**

本款是由侧缝斜上至前胸形成波浪弧线的分割设计，如图 4-39 所示。

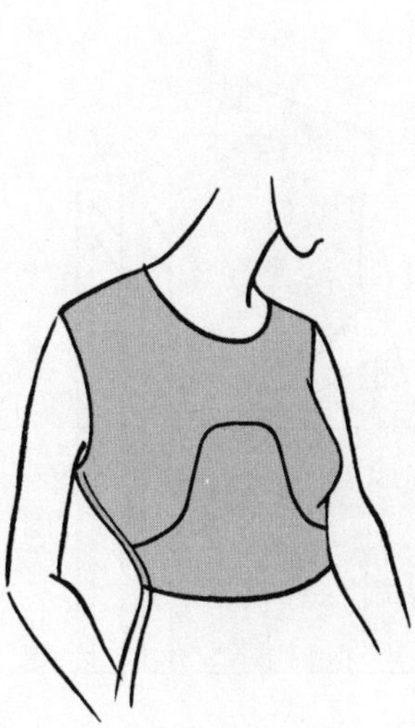

图 4-39　波浪弧分割设计

**2. 操作步骤**

具体操作步骤如图 4-40 所示。

(1) 闭合侧腰省，根据款式绘制一条从 BP 点通到侧缝的弧形省位线。

(2) 将腰省量转移至侧缝弧形省，将弧线波浪形弧线延长至前中线。

(3) 修改波浪弧线偏移 BP 点 1～2cm，将衣片一分为二。连接的两条弧线需要在 BP 点附近相切 10cm 左右。

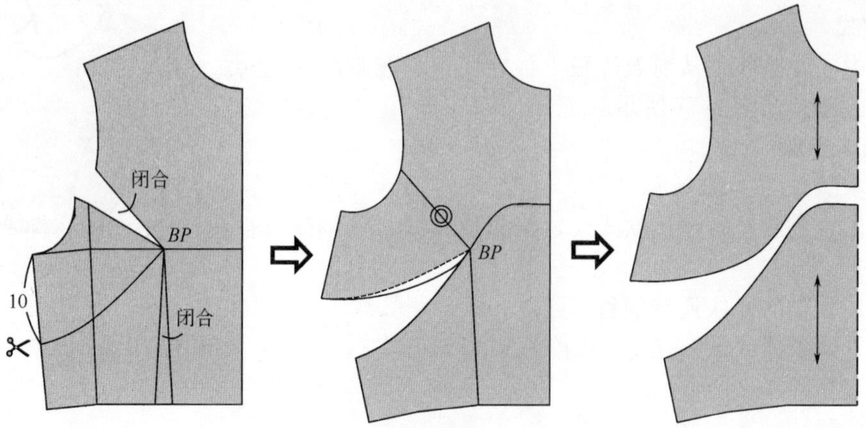


图 4-40　波浪弧分割设计转移步骤图

## 第三节　衣身褶裥设计原理及实例

褶裥设计是服装结构造型设计的主要手段之一，在服装中常见的褶裥设计有两种情况，一种是省量（浮余量）转化成褶裥量，另一种是无省量或省量（浮余量）不够时，将纸样剪开拉展以增加褶裥量。褶裥设计能使服装合体并且更具立体感，从而达到立体艺术效果。

### 一、衣身褶裥分类

**1. 按形成褶裥的线条分**

按形成褶裥的线条类型分为直线褶、曲线褶和斜线褶，如图 4-41～图 4-43 所示。

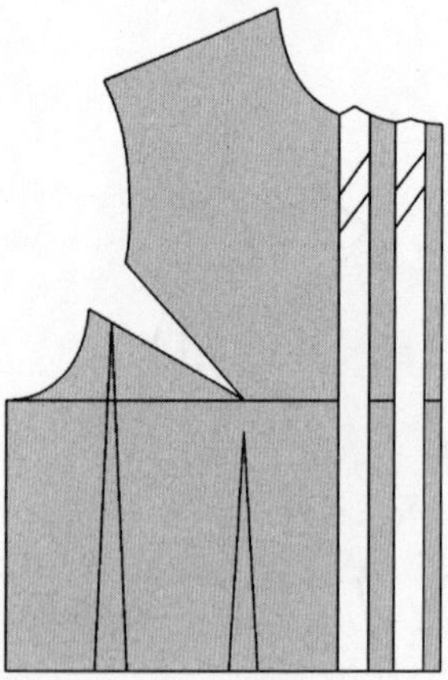

图 4-41　直线褶

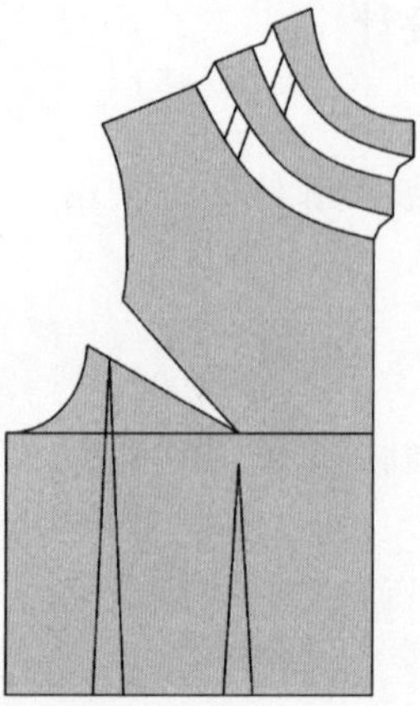

图 4-42　曲线褶

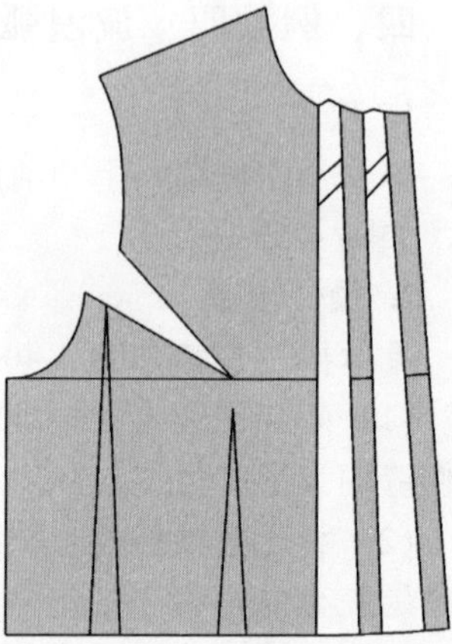

图 4-43　斜线褶

**2. 按褶裥的形态分**

按褶裥的形态分为顺褶（倒褶）、对褶和碎褶，如图 4-44～图 4-46 所示。

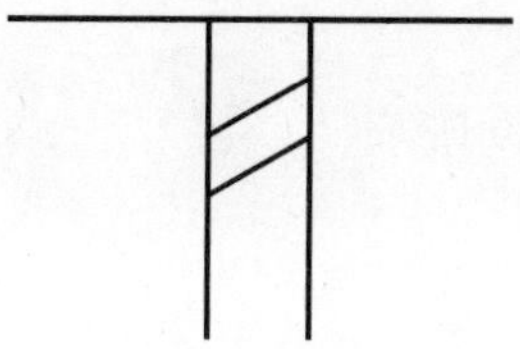

图 4-44　顺褶（倒褶）

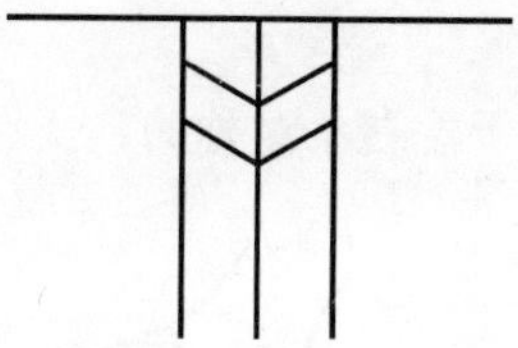

图 4-45　对褶

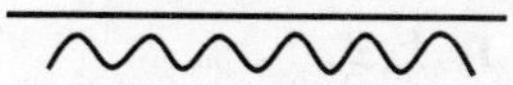

图 4-46　碎褶

## 二、衣身褶裥实例

（一）例款一：前中心碎褶设计

**1. 款式**

本款在前中心抽碎褶，如图 4-47 所示。

图 4-47　碎褶设计

**2. 操作步骤**

（1）根据款式先将胸省和腰省量转移至前中心（图 4-48）。

（2）设定抽褶的范围，并修顺前中心线。

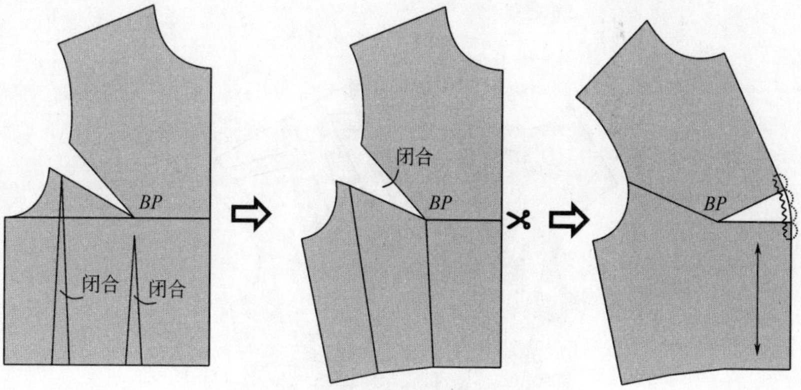


图 4-48　碎褶设计转移步骤图示

（二）例款二：右肩顺褶设计

**1. 款式**

本款在右肩部有四个顺褶，属于左右不对称的款式，如图 4-49 所示。

图 4-49　右肩顺褶设计

**2. 操作步骤**

此款褶量通过省道调整转移获得，如图 4-50 所示。

(1) 先闭合侧腰省。

(2) 根据款式将衣片对称展开，确定新褶位置，调整左右袖窿省尖缩进 4cm，同时将右腰省向左平移 4cm，与新四褶连点。

(3) 四个省道分别转移为对应的褶裥量。

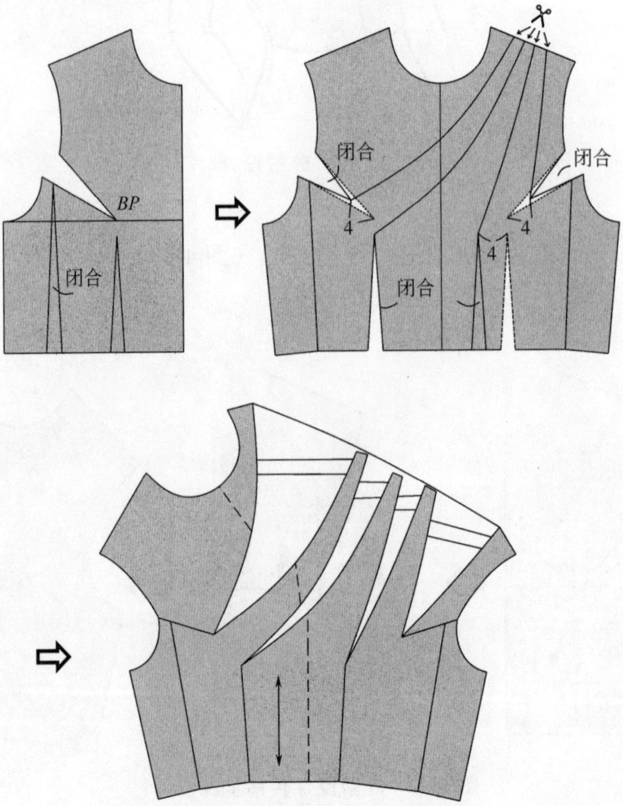


图 4-50　右肩顺褶设计转移步骤图

（三）例款三：侧腰抽褶设计

**1. 款式**

本款在腰省处侧身抽褶，如图 4-51 所示。

**2. 操作步骤**

此款省道转移无褶量，需切开拉展获得褶量，如图 4-52 所示。

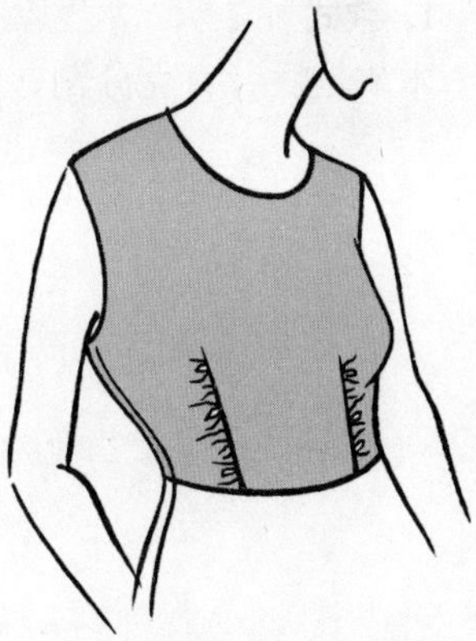

图 4-51　侧腰抽褶设计

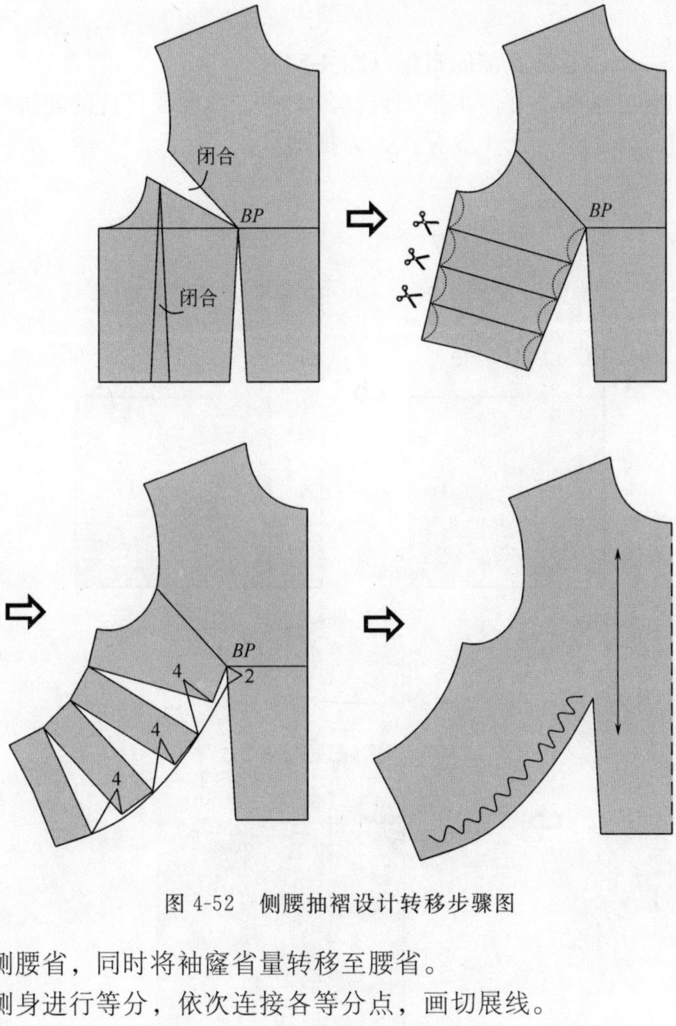


图 4-52　侧腰抽褶设计转移步骤图

（1）先闭合侧腰省，同时将袖窿省量转移至腰省。

（2）将腰省侧身进行等分，依次连接各等分点，画切展线。

（3）根据款式中对褶量的要求，进行单侧展开，各拉展 4cm。

（4）修顺展开后的线条，修正实际省尖点，距 *BP* 点 2～3cm。

（四）例款四：后育克抽褶设计

**1. 款式**

本款是后背育克分割，并抽褶，如图 4-53 所示。

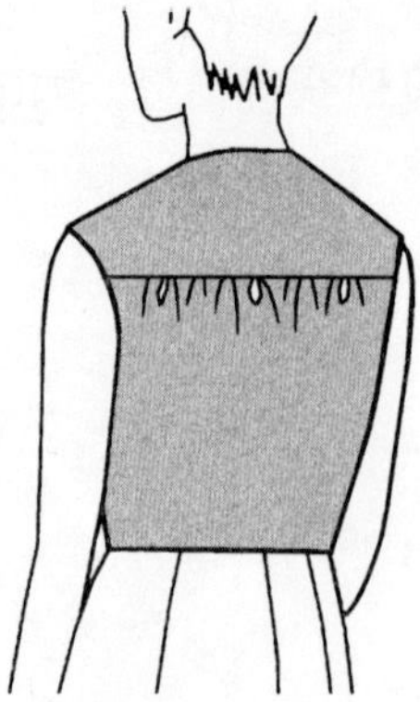

图 4-53　后育克抽褶设计

**2. 操作步骤**

因为款式宽松，所以忽略腰部的省量（图 4-54）。

（1）将肩省转移至袖窿，并做水平的育克分割线，修顺育克片的轮廓线。

（2）后片加宽，加宽量等于 1/3 背宽，为抽褶量。

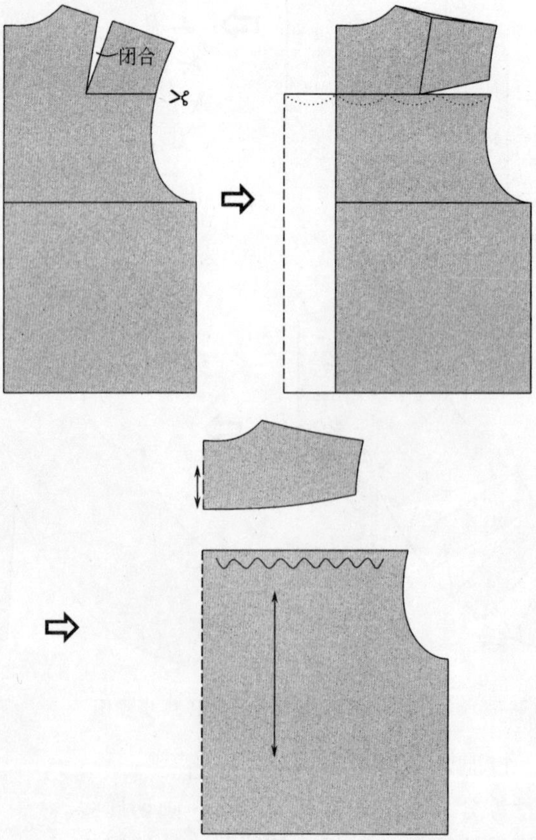


图 4-54　后育克抽褶设计转移步骤图

### （五）例款五：腰育克胸下皱缩设计

**1. 款式**

本款前身胸下分割为宝剑形腰育克，胸下分割线处皱缩，如图 4-55 所示。

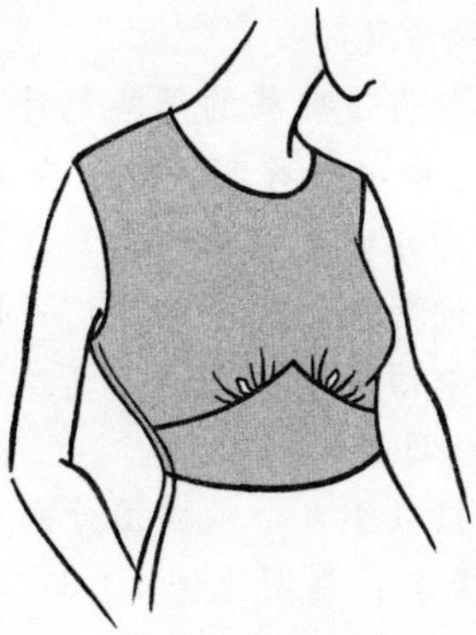

图 4-55 腰育克胸下皱缩设计

**2. 操作步骤**

（1）闭合侧腰省、袖窿省（图 4-56）。

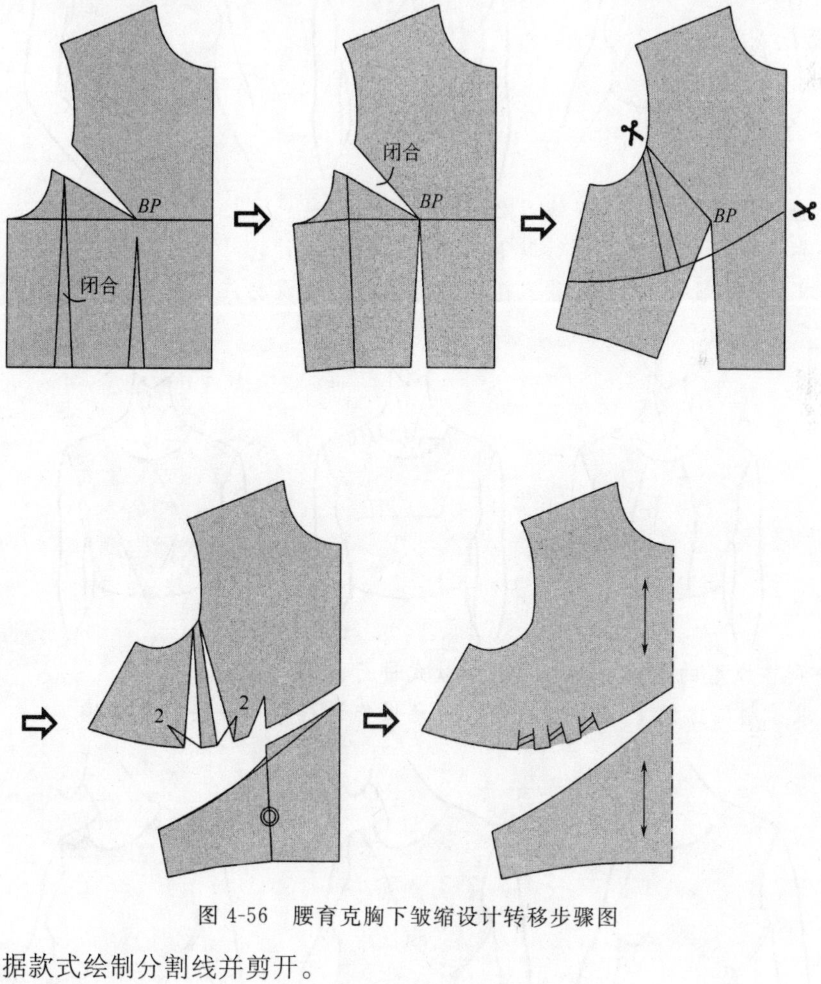


图 4-56 腰育克胸下皱缩设计转移步骤图

（2）根据款式绘制分割线并剪开。

（3）分割的下衣片的省道合并，修顺轮廓线为腰育克片。

（4）根据款式需要，上衣片皱缩量不足，从袖窿到分割线绘制 2～4 条切展线。

（5）根据款式对褶量的要求，进行单侧展开，增加各皱缩量 1.5～3cm。

## 思考与练习

一、思考题

1. 进行省道转移的思路是什么？

2. 8款胸省转移实例中，有选择地练习3～4款。

3. 进行分割结构设计的原理和思路是什么？

4. 进行褶裥结构设计时，可以通过几种方式得到褶裥量？

5. 五款褶裥设计实例中选择练习3～4款。

二、练习题

1. 根据以下3个款式图分别在原型的基础上进行省道转移设计。

操作要求：制图比例1∶3，写出省道转移操作过程，标注要工整明确。

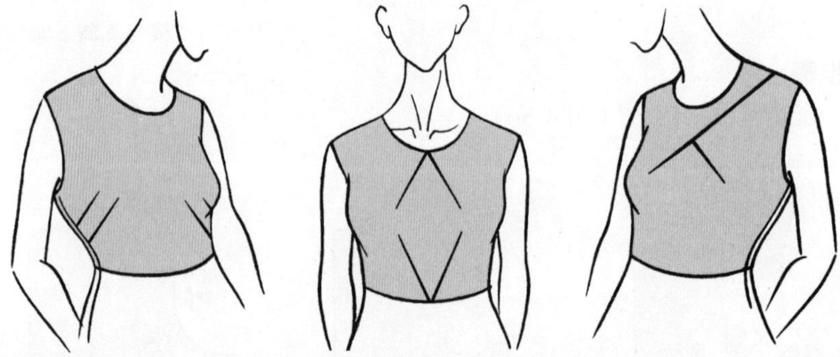

2. 四款分割设计实例中选择练习2～3款。

3. 请分别在原型的基础上进行以下三个款式分割设计。

操作要求：制图比例1∶3，款式图、转移操作过程及标注工整明确地表示出来。

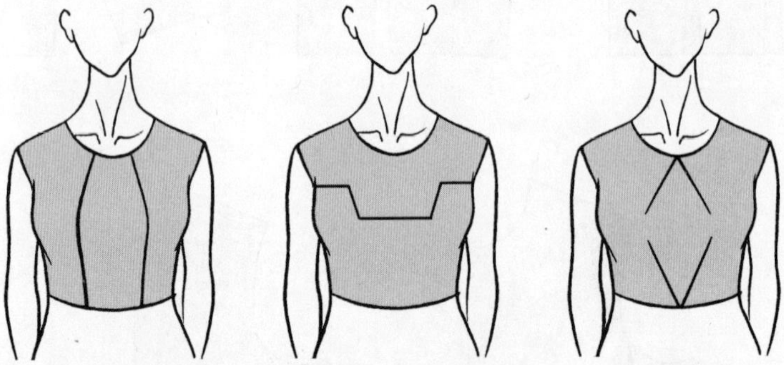

4. 请分别在原型的基础上对以下三个款式进行褶裥设计。

操作要求：制图比例1∶3，款式图、转移操作过程及标注要工整明确。

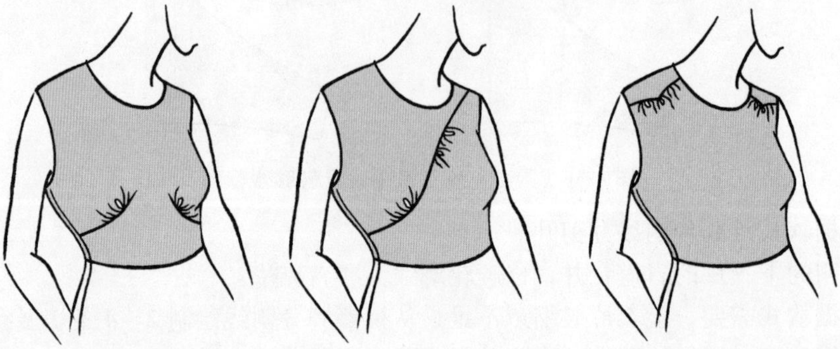

# 第五章

# 裙子结构变化原理

【学习目标】通过本章学习，掌握裙子结构展开的原理、裙子分割与褶裥结构设计，并能举一反三，达到灵活运用的能力。

【能力设计】重点：裙子省移与展开的方法、裙子分割与褶裥结构设计。

难点：（1）裙摆大小的变化。

（2）裙子不同褶裥设计的结构处理。

在裙子的结构中，经常通过省移与拉展、分割和褶裥来实现结构变化设计，呈现出千变万化的款式造型。

## 第一节　裙子展开结构设计

进行裙子结构变化时，可以根据款式造型，将基本裙纸样进行展开，从而变化出新款式。常见的裙子纸样展开方法有以下几种。

### 一、合并省展开法

通过对裙原型中省道的合并转移，实现裙子廓形变化，如 A 字裙、斜裙、喇叭裙、太阳裙等。通常是将裙腰省转移至下摆，根据实际款式，通常有省道完全合并转移（图 5-1）和部分合并转移（图 5-2）。

### 二、扇形展开法

在裙子基本纸样上设置切展线，将切展线的一端展开，另一端不变，这种展开方式叫做扇形展开法，如图 5-3 所示，常见于上大下小的 V 字型裙、上小下大的喇叭裙和太阳裙中。

### 三、平行展开法、梯形展开法

在裙子基本纸样中设置切展线，切展线的两端都进行展开，常见于百褶裙中，如图 5-4 所示。当两端展开的量相同时，叫做平行展开，如图 5-5 所示；当两端展开的量不同时，即一端展开量多，另一端展开量少，叫做梯形展开，如图 5-6 所示。

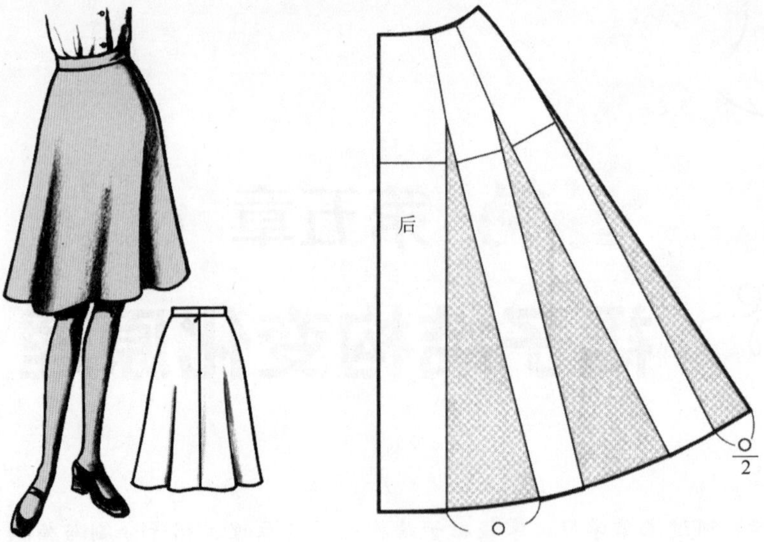


图 5-1 腰省完全合并转移至下摆

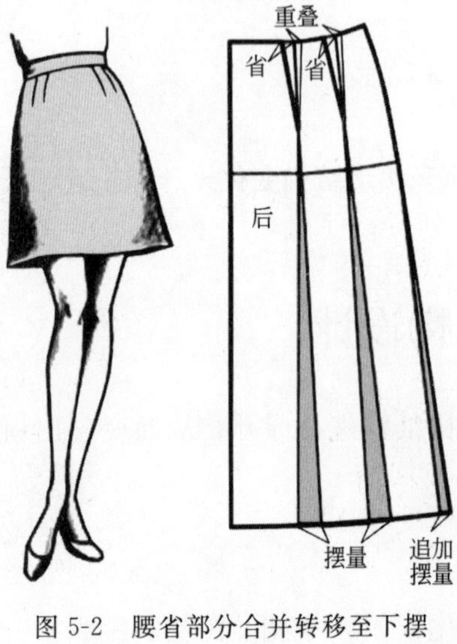


图 5-2 腰省部分合并转移至下摆

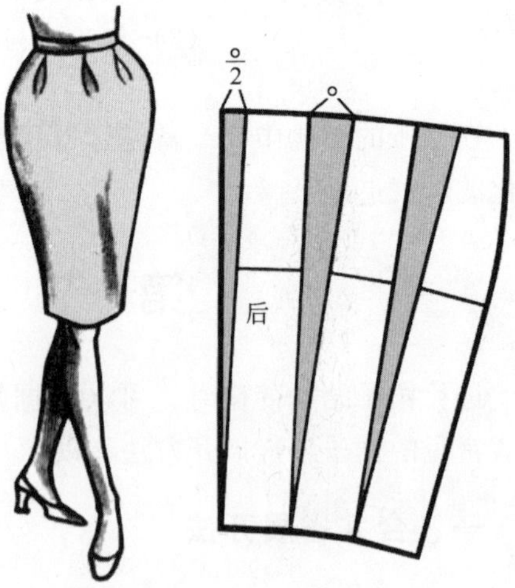


图 5-3 扇形展开

图 5-4 百褶裙款式图

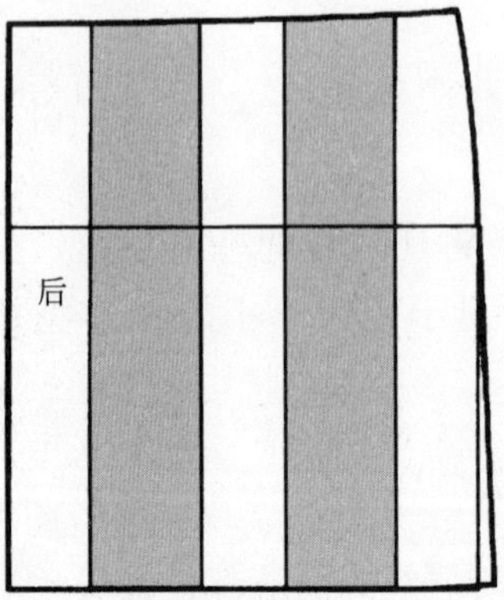


图 5-5 平行展开

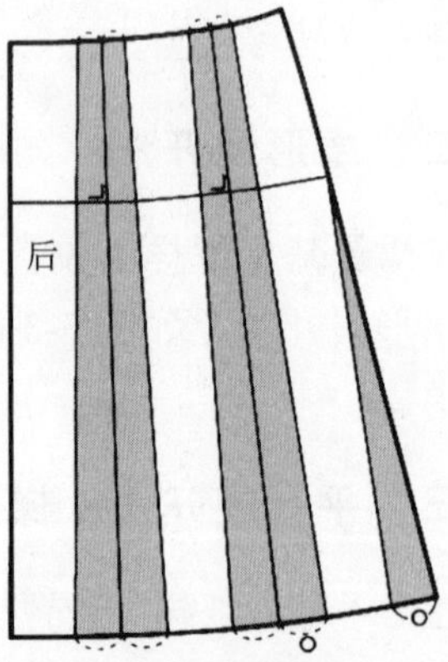


图 5-6 梯形展开

# 第二节 裙子分割结构设计

在裙片上设立各种分割线，既具有装饰性，又具有使裙子合体的功能性。在裙子款式中，常见的分割方式有纵向分割、横向分割、斜向分割、曲线分割和交叉分割。

## 一、纵向分割设计

纵向分割裙就是所谓的多片裙，偶数片分割有四片裙、六片裙、八片裙、十二片裙，甚至二十四片裙；奇数片分割有三片裙、五片裙、七片裙等。纵向分割关键是裙原型省道和裙摆大小的结构处理。

（一）例款一：四片喇叭裙

**1. 款式特点**

本款为四片裙，无腰省，裙摆顺势变大呈喇叭状，故称四片喇叭裙，如图 5-7 所示。

**2. 结构要点**

此款可以利用合并省展开法，将原型腰省合并转移至下摆为摆量，如图 5-8 所示。

图 5-7 四片喇叭裙款式图

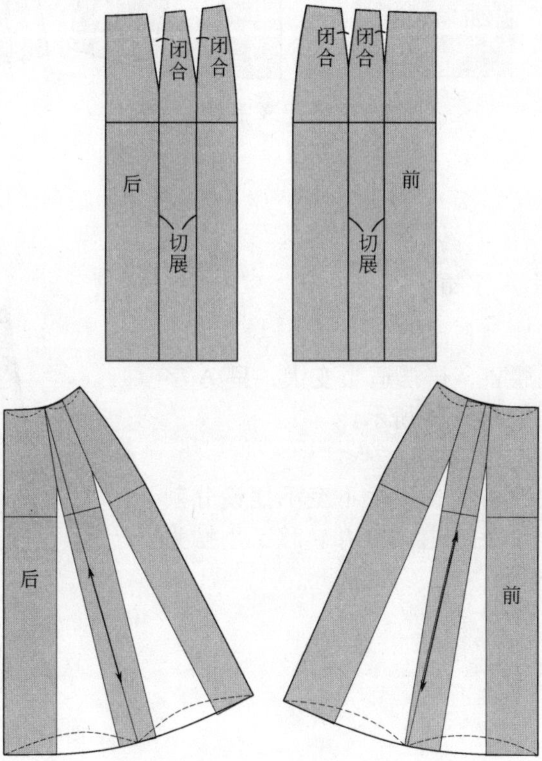


图 5-8 四片喇叭裙结构设计

（二）例款二：四片 A 字裙

**1. 款式特点**

本款为四片裙，无腰省，裙摆适当变大，呈 A 字状，故称四片 A 字裙，如图 5-9 所示。

**2. 结构要点**

此款是将裙原型的一个腰省合并转移至下摆为摆量，另一腰省在侧缝或前、后中的分割线中收去，如图 5-10 所示。

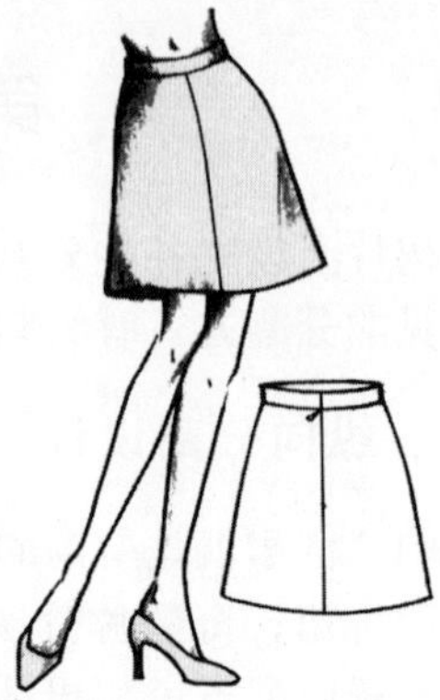

图 5-9　四片 A 字裙款式图

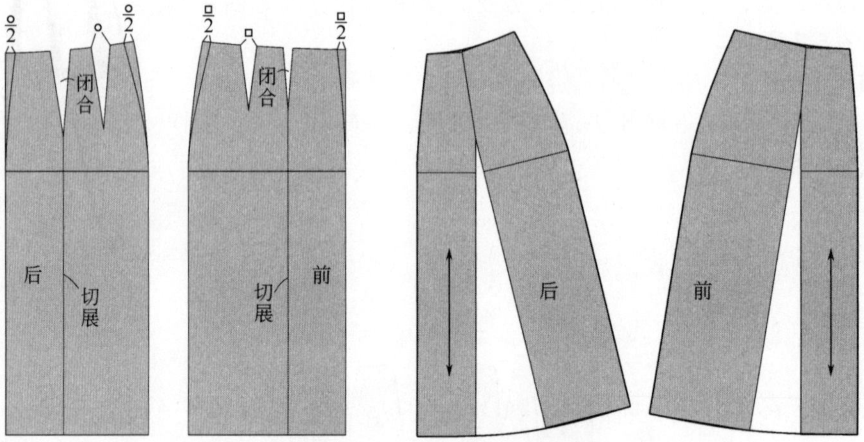


图 5-10　四片 A 字裙结构设计

（三）例款三：六片 A 字裙

**1. 款式特点**

本款为六片裙，无腰省，裙摆适当变大，呈 A 字状，故称六片 A 字裙，如图 5-11 所示。

**2. 结构要点**

靠近前后中心线的腰省的省尖垂下至下摆设分割线，下摆大追加 2～3cm；另一腰省合并转移至下摆为摆量，如图 5-12 所示。

图 5-11　六片 A 字裙款式图

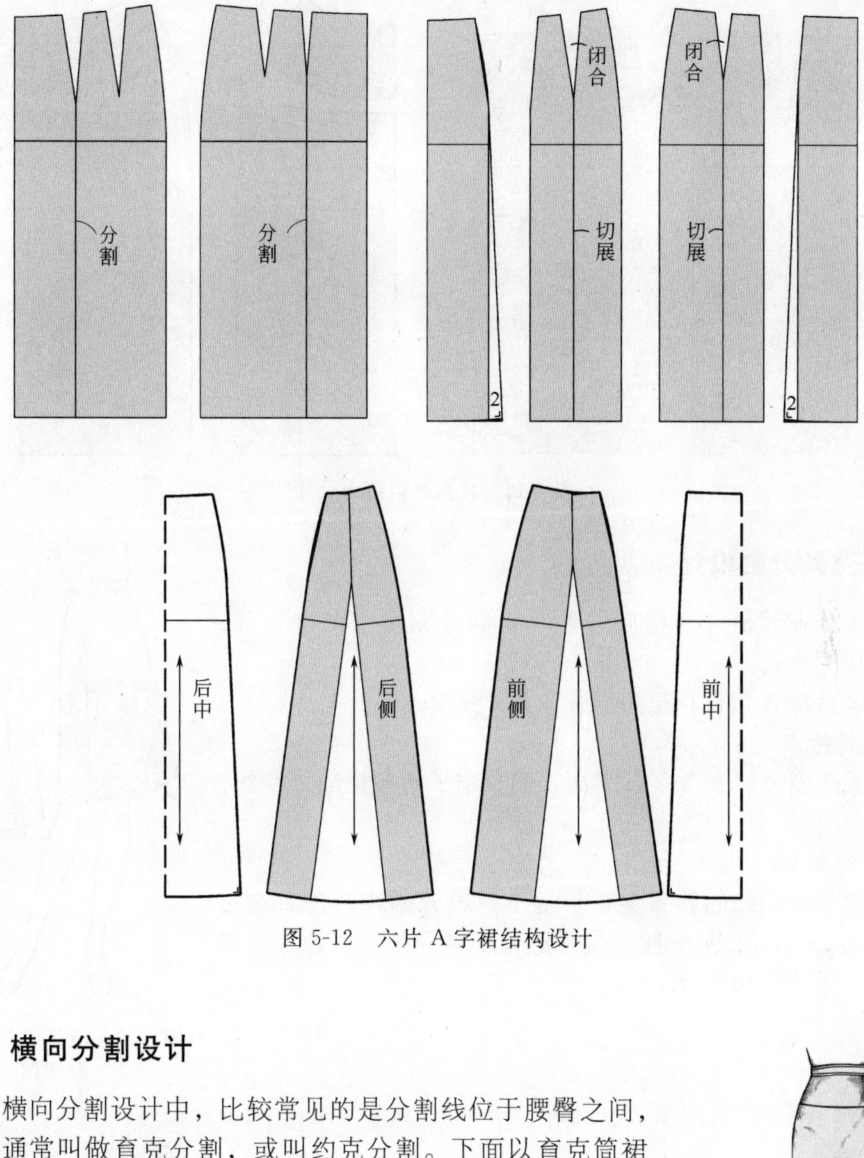


图 5-12　六片 A 字裙结构设计

## 二、横向分割设计

裙子横向分割设计中，比较常见的是分割线位于腰臀之间，这种分割通常叫做育克分割，或叫约克分割。下面以育克筒裙为例展示横向分割设计。

**1. 款式特点**

本款无腰省，中臀位有横向分割线，直筒裙身，如图 5-13 所示。

**2. 结构要点**

此款可在腰省的省尖附近设横向分割线，将省道合并为育克片，并有腰围弧和分割弧，如图 5-14 所示。

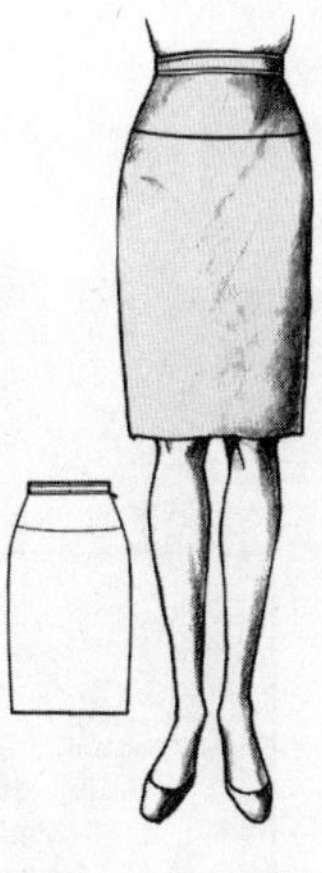

图 5-13　育克筒裙款式图

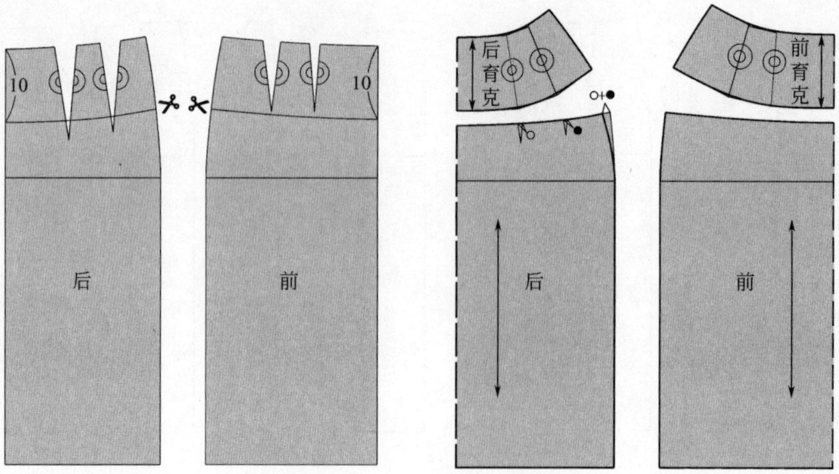


图 5-14　育克筒裙结构设计

## 三、交叉分割设计

图 5-15　六片 A 字育克裙款式图

在裙子分割设计中，横向分割和纵向分割可以组合设计，变化出更多的款式。

下面以六片 A 字育克裙为例展示交叉分割设计。

**1. 款式特点**

本款式造型类似于六片 A 字裙，侧身增了两条横向分割线，如图 5-15 所示。

**2. 结构要点**

靠近前后中心线的腰省尖垂下至下摆设分割线，并左右裙片下摆斜出 2～3cm；另一腰省尖附近设横向分割线，合并腰省为育克片，如图 5-16 所示。

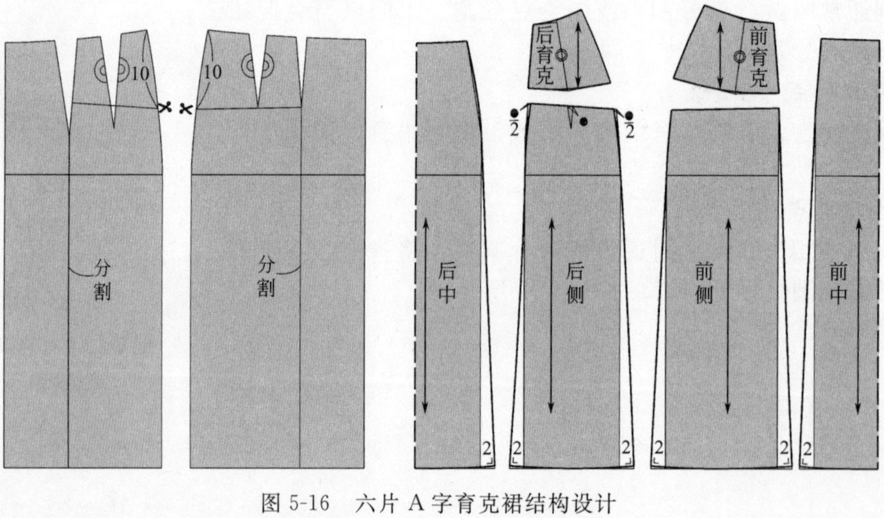


图 5-16　六片 A 字育克裙结构设计

# 第三节　裙子褶裥结构设计

褶裥是服装结构设计中的重要设计方法之一，尤其在裙子结构中运用广泛，加入各种褶裥设计，可使裙子富有动感，视觉上达到多层次的立体效果与装饰效果。常见的褶裥形式有三种，即波浪褶、碎褶和规律褶。波浪褶通常见于裙子的下摆，是由于面料悬垂性而自然下垂后堆叠形成的褶，形状如同波浪一样，因此叫做波浪褶，如图 5-17 所示；碎褶是将面料进行不规则皱缩形成，其褶裥的位置和大小是不确定的，总的褶量可以根据面料性能以及裙子造型来确定，如图 5-18 所示；规律褶就是常见的顺褶裙和对褶裙，每一个褶裥有确定的位置和大小，如图 5-19 所示。

图 5-17　波浪褶

图 5-18　碎褶

图 5-19　规律褶

## 一、例款一：鱼尾裙

**1. 款式特点**

本款式基于裙原型，在膝盖上侧摆做分割，使裙摆形成鱼尾造型，如图 5-20 所示。

图 5-20　鱼尾裙款式图

**2. 结构要点**

在侧裙摆设分割线，各纵向分割线扇形展开获得鱼尾型裙摆，如图 5-21 所示。

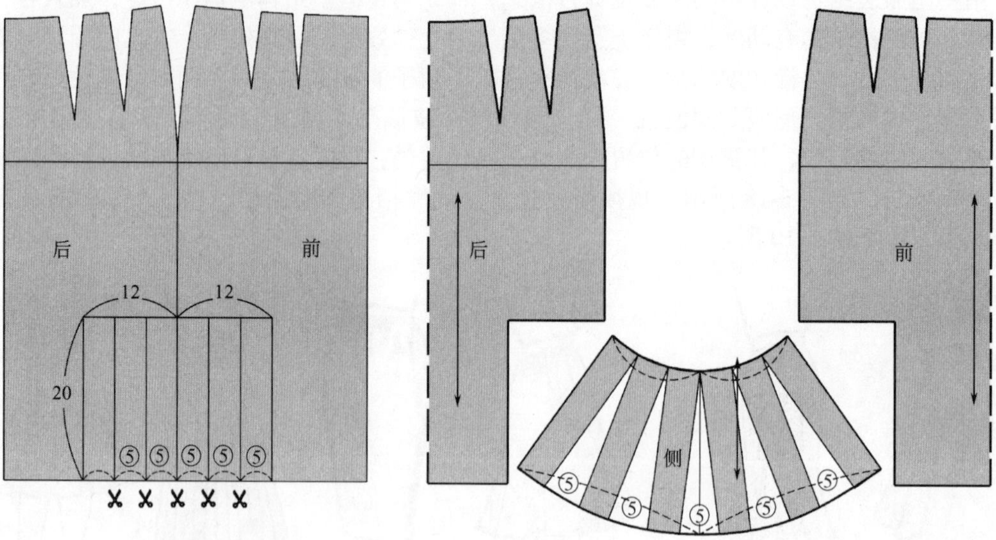


图 5-21　鱼尾裙结构设计

为便于行走，侧裙摆分割线设在膝盖位以上为佳。

## 二、例款二：宝剑分割喇叭裙

**1. 款式特点**

本款臀位处宝剑形分割，左右各一腰省，裙摆呈喇叭形，如图 5-22 所示。

图 5-22　宝剑分割喇叭裙款式图

**2. 结构要点**

先将裙原型一个腰省合并转移至下摆为摆量（裙摆造型所需），在臀位线做斜线分割，下摆等分设切展线，扇形展开达到喇叭形效果，如图 5-23 所示。

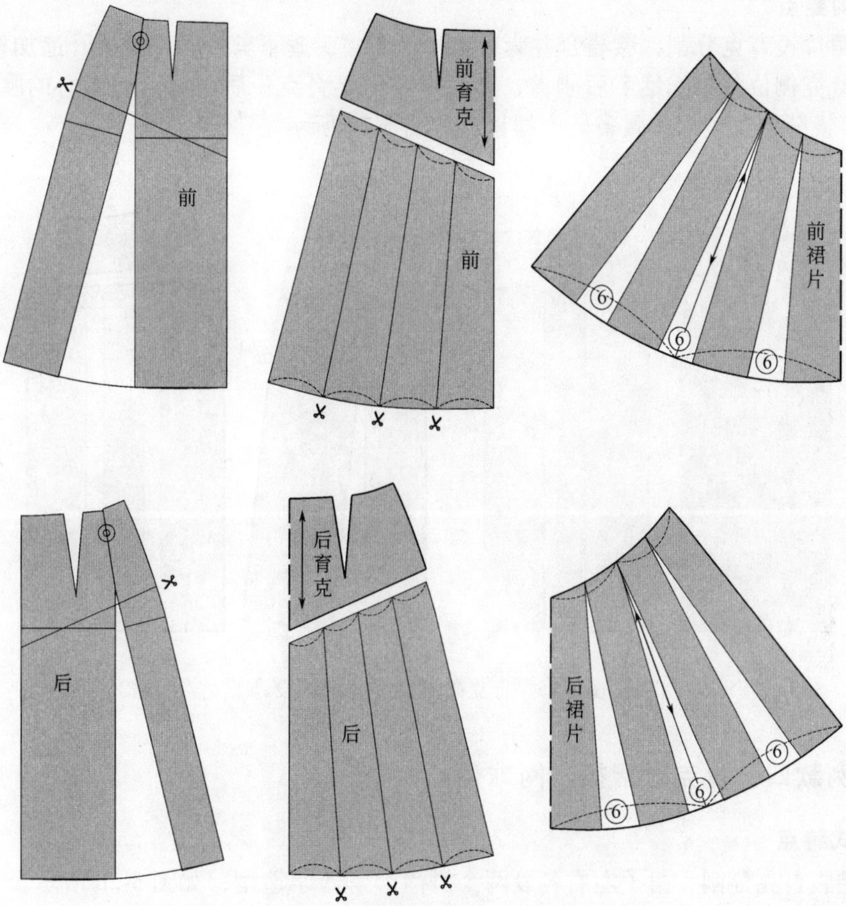


图 5-23　宝剑分割喇叭裙结构设计

## 三、例款三：育克碎褶 A 字裙

### 1. 款式特点

本款前身腰部宝剑育克分割，裙片抽碎褶；后片半育克，两腰省设计如图 5-24 所示。

图 5-24　育克碎褶 A 字裙款式图

**2. 结构要点**

① 前裙片设育克分割，腰省合并为育克片，各省尖垂下剪开，平行展开追加相应褶量。

② 前育克侧位分割线延至后腰省，腰省合并为半育克；后身靠近后中心的腰省的省尖垂下至下摆设分割线，部分腰省转为摆量，如图 5-25 所示。

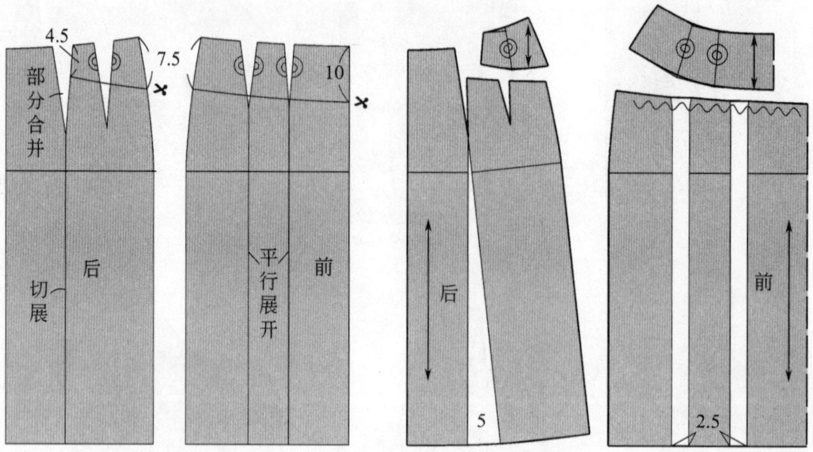


图 5-25 育克碎褶 A 字裙结构设计

## 四、例款四：育克对褶裙（网球裙）

**1. 款式特点**

本款腰腹育克分割，裙子左右各设两个对褶，呈 A 字造型，如图 5-26 所示。

图 5-26 育克对褶裙款式图

**2. 结构要点**

将裙原型腰省通过育克分割合并，裙身根据款式在臀围线进行 5 等分，臀围的 2/5 处设垂直剪开线，平行展开，加入对褶量（褶量≤2×臀围的 2/5），后身余下的省量分在对褶边线，如图 5-27 所示。

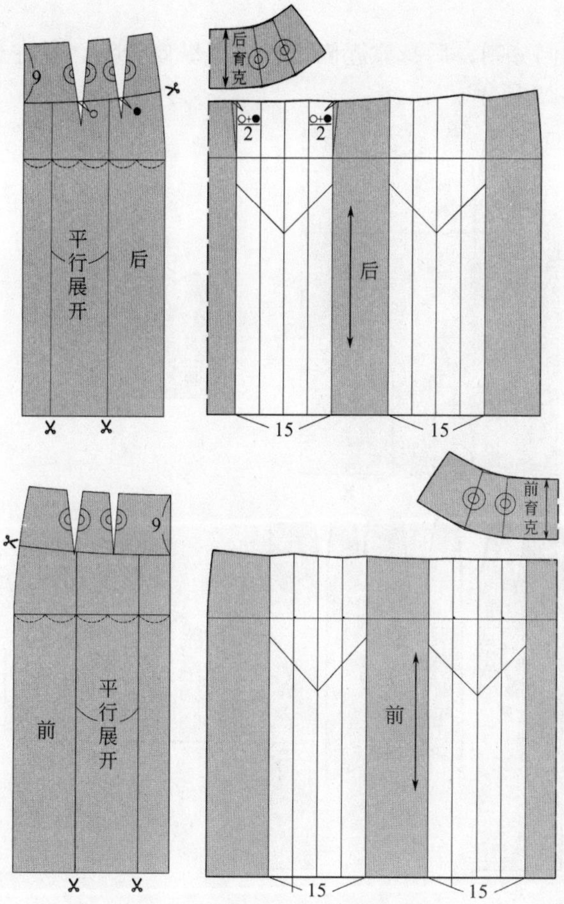


图 5-27　育克对褶裙结构设计

## 五、例款五：六片鱼尾裙

**1. 款式特点**

本款基于裙原型进行纵向及横向分割，并在裙摆处设置褶裥，形成鱼尾造型，如图5-28所示。

图 5-28　六片鱼尾裙款式图

**2. 结构要点**

靠近前中省垂下纵向分割，后身靠近侧缝省垂下纵向分割，并在侧裙摆设斜向分割线，进行平行展开，如图 5-29 所示。

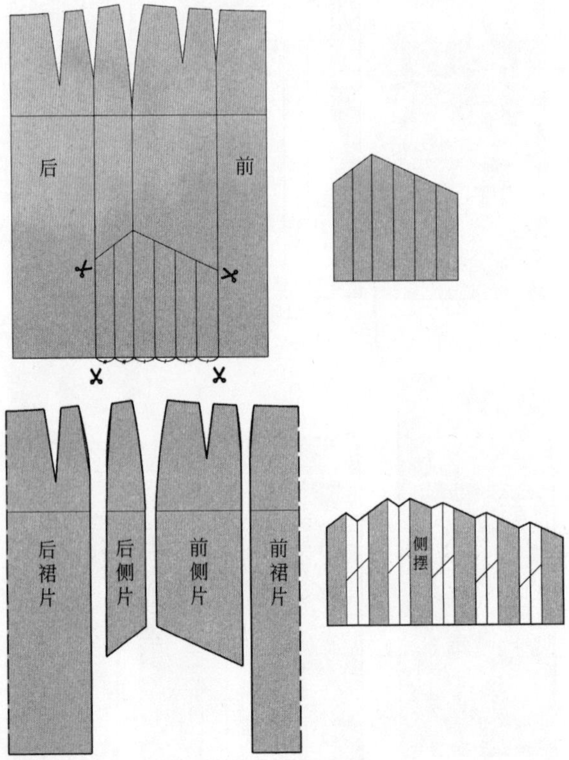


图 5-29 六片鱼尾裙结构设计

## 六、例款六：垂褶裙

**1. 款式特点**

垂褶裙又名罗马裙，前后裙身相连，腰至侧身设 2 个弧形褶，自然悬垂，如图 5-30 所示。

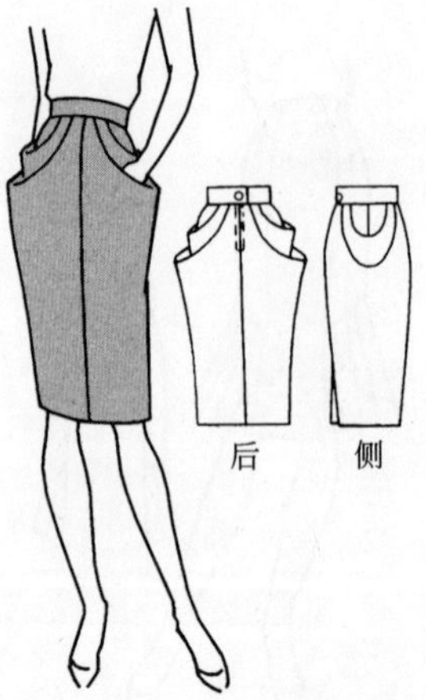


图 5-30 垂褶裙款式图

**2. 结构要点**

① 修改前后腰省为腰至侧身的曲线省，如图 5-31(a) 所示。

② 剪开曲线省的边线，腰部拉展 3cm，侧缝拉展 10cm，腰省与拉展量合为腰褶量，如图 5-31(b) 所示。

③ 前后裙下摆拼接，前后侧缝夹角 10°～20°，如图 5-31(c) 所示。

④ 圆顺弧线，修画裙片廓型，如图 5-31(d) 所示。

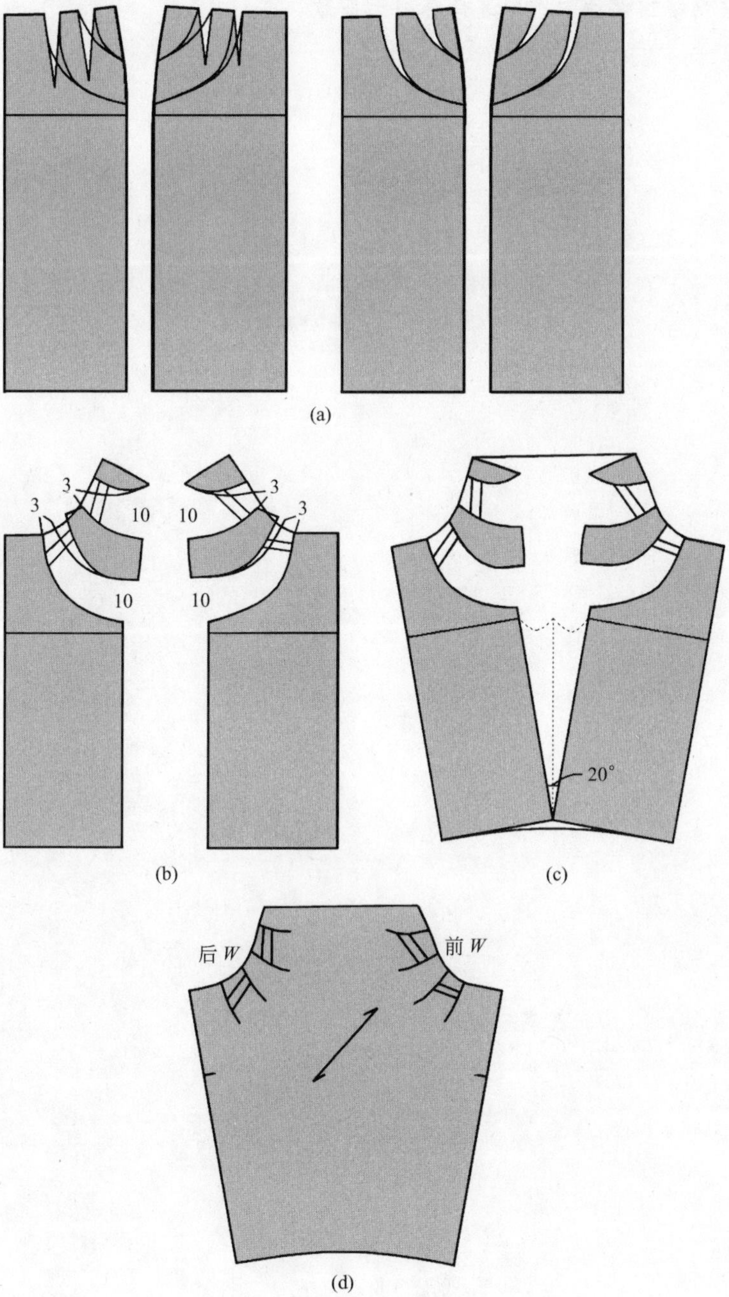


图 5-31　垂褶裙结构设计

## 思考与练习

一、思考题

1. 进行裙子展开的思路是什么？

2. 裙子中不同种类的褶裥进行结构设计的思路是什么？

二、练习题

1. 在本节的裙子分割结构设计款例中选择练习三四款。

2. 在裙子褶裥结构设计款例中选择练习三四款。

# 第六章

# 衣领结构原理

【学习目标】

通过本章学习，了解衣领造型的基础理论、领子的分类、领款的变化等，掌握领子变化结构的方法与技巧，从而具有举一反三、灵活运用的能力，为后期的服装款式结构设计打好基础。

【能力设计】

1. 充分理解与掌握衣领的结构原理及其变化结构设计原理。

2. 根据领口领、立领、平领、翻领、翻驳领及特殊领款的变化，分别进行结构设计，掌握衣领结构设计的制图能力。

衣服的领子围绕在人体的颈部，靠近人的脸部，衣领在视觉上是服装中最醒目的部位，也是整件服装最重要、最容易被注意到的关键部件。就如人的脸、脸上的眼睛一样，衣服美不美、神不神，看衣领的造型和时尚性就能知晓。所以领子的造型对整件服装非常重要，领子结构设计是服装结构设计的重要内容之一。

## 第一节　衣领的种类

衣领由领口、领座和领面组成。领子的种类很多，按穿着状态分为开门领和关门领（图6-1）；按外观形态分为领口领（无领）、立领、平领（坦领）、翻领（分连体翻折领、分体翻折领），翻驳领等类型（图6-2），且各类领又有不同的造型变化。此外，还有花式领，如垂褶领、波浪领、飘带领、帽领等变化领款（图6-3）。

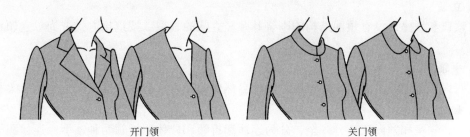

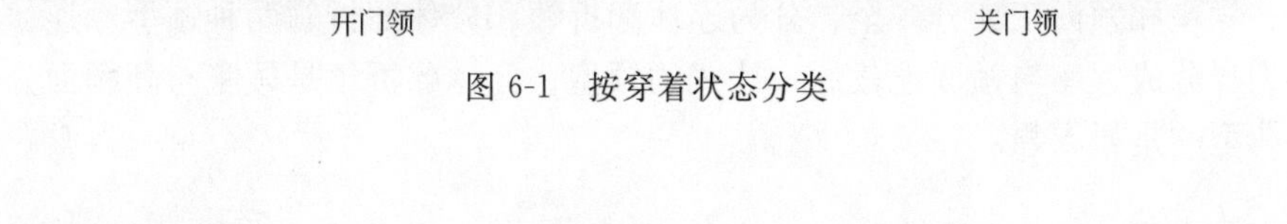


图6-1　按穿着状态分类

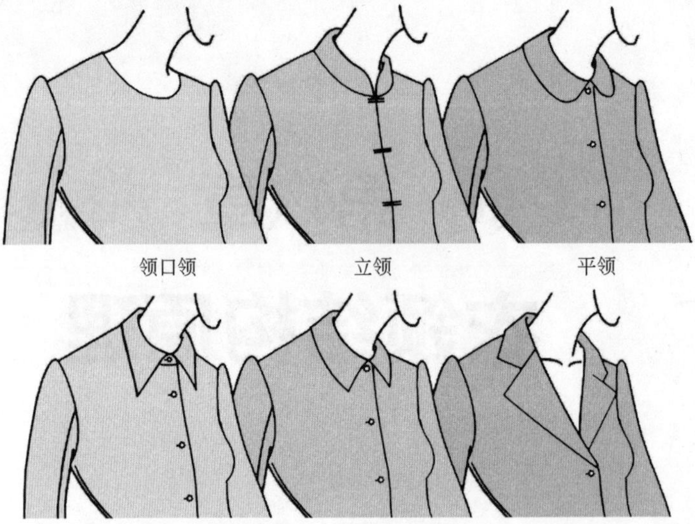


图 6-2 按外观形态分类

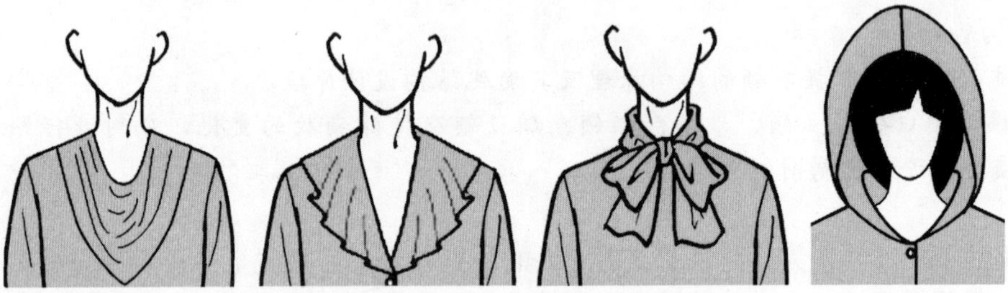


图 6-3 花式领款

**1. 开门领**

第一扣位较低，穿着时前领部分敞开显露脖颈。最典型的是翻驳领。

**2. 关门领**

第一扣位在领口附近，穿着时呈关闭状。典型的是立领、翻领、平领等。

**3. 领口领**

也称无领，只有衣身领口线型，没有领座和领面结构的简单领型。按穿脱方式分为开襟式和套头式。

**4. 立领**

有领口和领座，没有领面结构的围绕脖颈竖立状的领型。按绱接方式分为单立领和连身立领。

**5. 平领**

也叫扁领、坦领、摊领、趴领等。领片自然伏贴在肩、胸、背部，造型舒展、柔和。

**6. 翻领**

领口、领座和领面三部分齐全，分为连体翻折领和分体翻折领两种领型。连体翻折领是以翻折线为界分成领座与领面连裁的一片式的领型；分体翻折领是领座与翻领面分裁缝接的领型，最典型的是衬衣领。

**7. 翻驳领**

由领口、领座、翻领及驳头四部分组成，是领座与翻领面连裁一片有翻折线的领型。最典型的是西服领。而根据驳头形状又分为平驳领、戗驳领、青果领等形式。

**8. 垂褶领**

衣领与衣身相连，领口自然下垂形成垂褶的领型。

**9. 波浪领**

是将平领加大抽缩或弯曲变化形成波浪褶的领型。

**10. 飘带领**

基于立领、平领，追加飘带设计即可。飘带形状可按造型而定。

**11. 帽领**

一种特定的领子，也称连身帽。指帽子与衣片领口组成的领型，既可作为装饰，又可挡风保暖。

# 第二节　领口领结构设计

## 一、领口领的类型

领口领的领型设计是以领口的领口线形态造型的变化设计为主，改变领子前颈点、侧颈点及后颈点三个基础点的位置，领口弧线可以变化出形状丰富的领型（图 6-4）。领口领设计追求领口线与脸型的完美结合，比如瘦脸、瓜子脸适用浅圆领、船形领、一字领、浅方领等领型，有横向扩张的视觉感；圆脸和方脸切忌紧身圆领，适用 V 形领、U 形领和大而开放的方形领等领型，有纵向拉长视觉感。

## 二、领口领结构设计原理

原型的领围线紧贴人体颈根围，经过人体的前颈点、侧颈点及后颈点。绘制领口结构时，需要把握前颈点、侧颈点以及后颈点位置的变化。

（一）领口结构线名称

领口结构线名称如图 6-5 所示。

**1. 横开领**

横开领也叫领宽，指领口水平开宽量。女装结构中，由于胸凸需收省达到立体形态，则前领口中间要撇胸处理，如原型前横开领 = 胸围 /24 + 3. 4 = ◎，后横开领 = 前横开领 + 0. 2 = ◎ + 0. 2cm，也是基于撇胸原理。

横开领点是领口领的着力点，以保持领口部位的平衡、合体状态。套头式领口领的撇胸处理，通常后横开领比前横开领大 1cm 左右，使前领口收紧，附贴在颈胸部；开衫式领口领的撇胸处理，后横开领 = 前横开领，但前领口中心要撇去 1cm 左右。

**2. 直开领**

直开领也叫领深，指领口垂直开深量。原型前直开领 = 后横开领 + 0. 5cm，后直开领 = 后横开领 /3，以满足人体颈部前倾的自然形态，直开领的深浅直接影响到颈部的舒适性与美观。

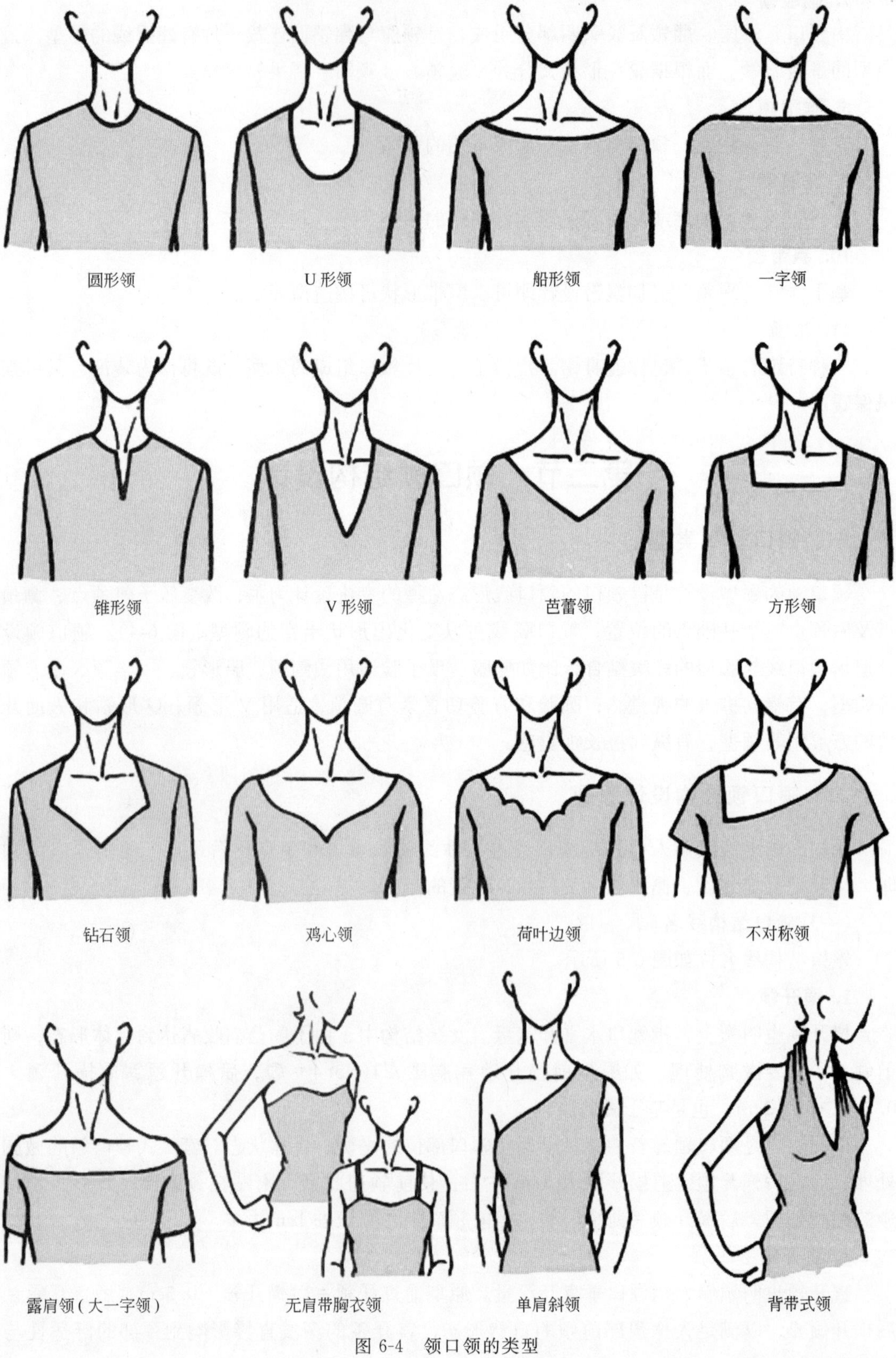
圆形领
U 形领
船形领
一字领
锥形领
V 形领
芭蕾领
方形领
钻石领
鸡心领
荷叶边领
不对称领
露肩领（大一字领）
无肩带胸衣领
单肩斜领
背带式领

图 6-4　领口领的类型

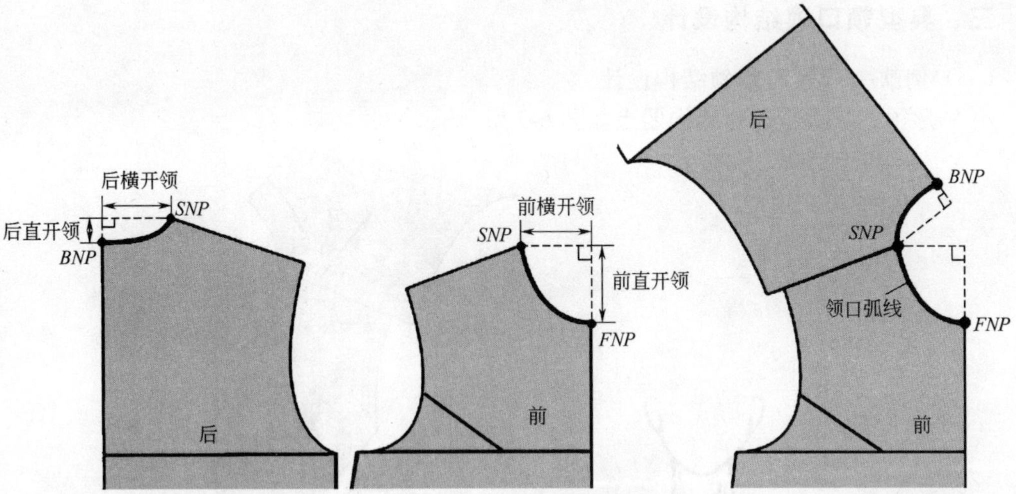


图 6-5　领口结构线名称

（二）领口领的结构设计要点

领口领的结构原理及设计要点如图 6-6 所示。

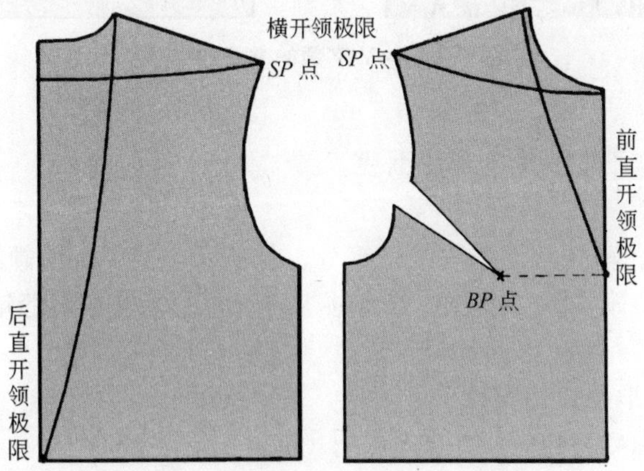


图 6-6　领口开深和开宽极限与规则

**1. 领口开深和开宽极限**

领口线可作多种变化，日常穿的服装一般领口开深和开宽的尺寸以不过分暴露为原则，尤其是胸部。前直开领深极限为 *BP* 点的水平线位，后直开领深极限为腰位线，横开领极限为 *SP* 点（肩点）。晚礼服、艺术装有追求性感美等特殊性，前直开领深可至胸下。

**2. 领口开深和开宽规则**

通常当横开领开宽时，直开领宜浅不宜深；当直开领开深时，横开领宜窄不宜宽；前直开领开深时，后直开领宜浅不宜深，反之亦然。如果横开领、直开领均开大或前、后直开领均开深，应选用弹力面料，否则领围线宜滑移，会产生领围线与人体不伏贴、不雅观现象。

**3. 领口领结构制图方法**

为了前后领口线圆顺，一是将前后衣身的肩线对齐，进行领口弧设计；二是先在前后片绘制领口弧，然后将肩线对齐修圆顺。

## 三、典型领口领结构设计

（一）例款一：小 V 形领结构设计

小 V 形领的款式特点与结构要点如图 6-7 所示。

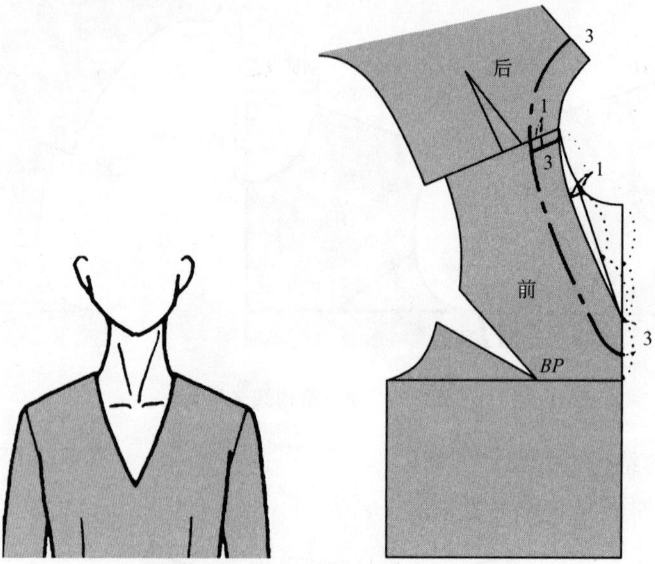


图 6-7　小 V 字领的款式与结构

**1. 款式特点**

前领深开深，领宽不变，V 字形领围线。

**2. 结构要点**

① 在前中心线上，前颈点至胸围线三等分，从侧颈点至 1/3 前领深处画领口弧线。

② 领贴宽 = 3cm，领贴的肩线往前衣身移 1cm，领贴接缝和肩缝错开，使领贴缝制时显得薄，外形美观。

（二）例款二：U 形领结构设计

U 形领的款式特点与结构特点如图 6-8 所示。

**1. 款式特点**

领宽较小，前领深较大，U 形领围线。

**2. 结构要点**

① 侧颈点开大 2cm，后颈点下落 1cm，前颈点开深的量根据款式而定。

② 为了避免前领口围浮起、不伏帖状，绘制领口省 = 0. 3～0. 5cm。

③ 将领口省合并，则前领宽会减小 0. 7cm 左右，后领宽不变。

④ 领贴宽 = 3cm，领贴的肩线往前衣身移 1cm，领贴接缝和肩缝错开，使领贴缝制时显得薄，外形美观。

（三）例款三：方形领结构设计

方形领的款式特点及结构要点如图 6-9 所示。

**1. 款式特点**

领宽开大，领深较浅，方形领围线。

**2. 结构要点**

① 根据款式，侧颈点开大 4cm（或小肩宽 /3），后颈点下落 1cm，前颈点下落 3cm，重

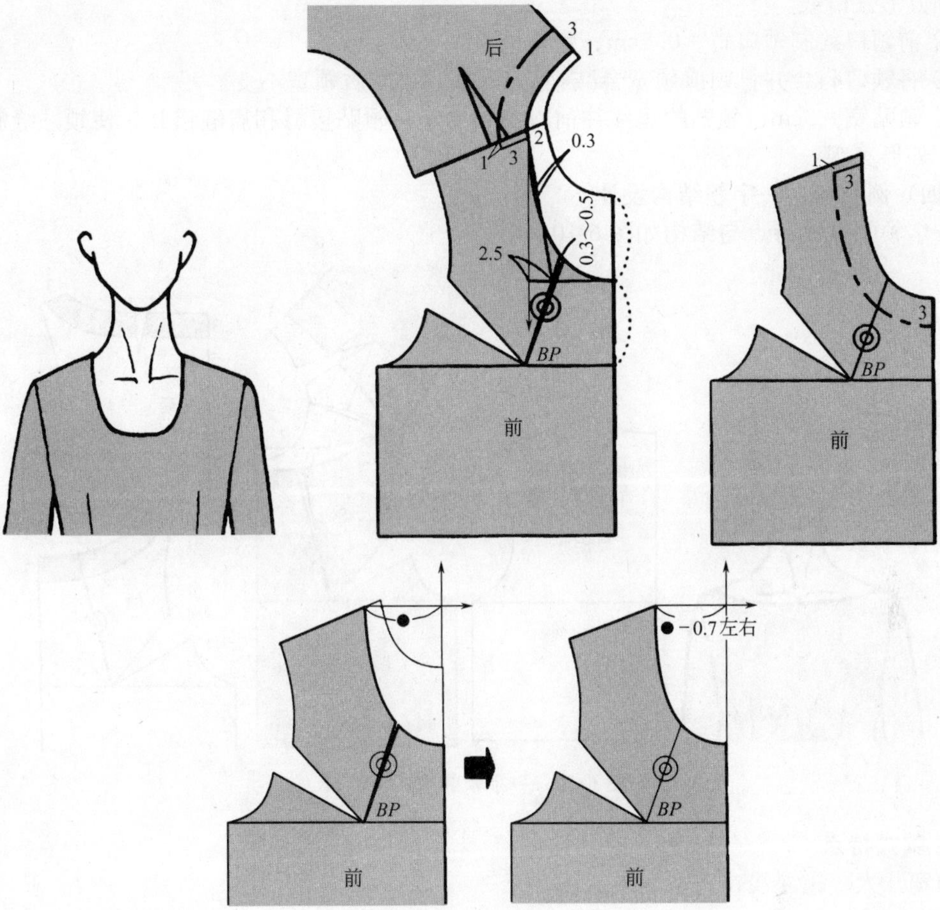


图 6-8　U 型领的款式与结构

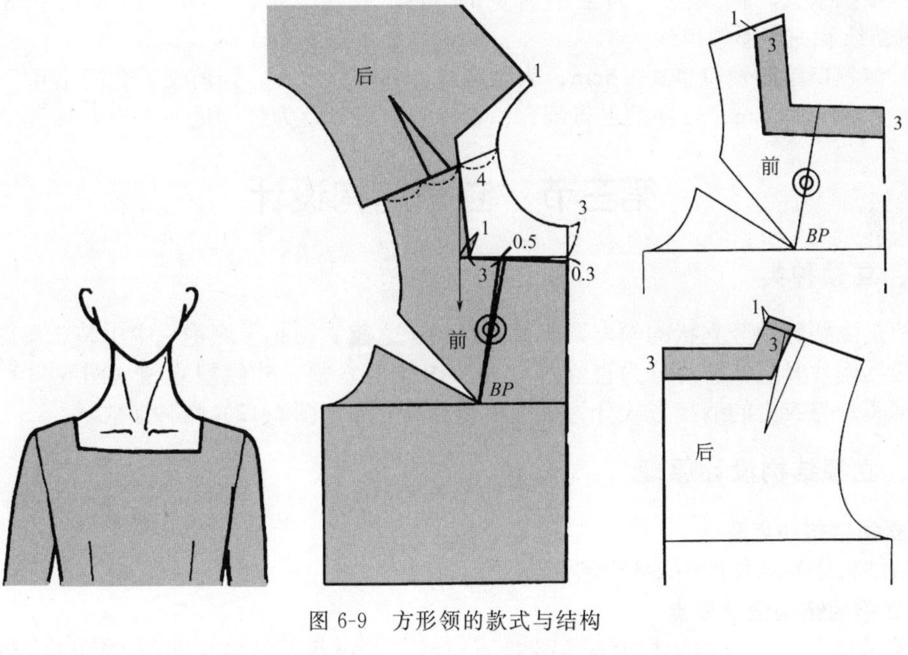


图 6-9　方形领的款式与结构

新绘制方形领口线。

② 前领口绘制领口省 = 0. 5cm，为撇胸量。

③ 将领口省合并，则前领宽会减小 0. 7～1cm，而后领宽不变。

④ 领贴宽 = 3cm，领贴的肩线往前衣身移 1cm，领贴接缝和肩缝错开，使领贴缝制时显得薄，外形美观。

（四）例款四：一字领结构设计

一字领的款式特点与结构如图 6-10 所示。

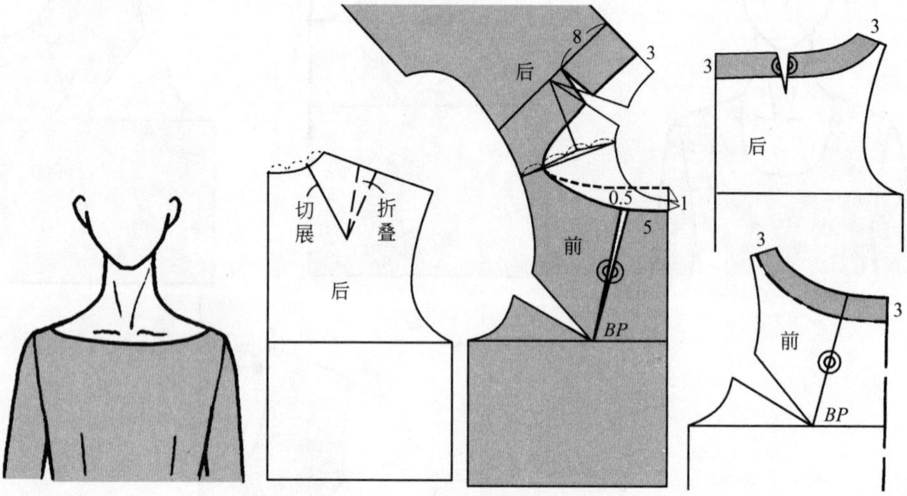


图 6-10　一字领的款式与结构

**1. 款式特点**

领宽开大，领深浅，一字形领围线。

**2. 结构要点**

（1）后肩省转移至后领弧 1/3 处，为后领省。

（2）根据款式，侧颈点开大至小肩宽的 3/4，后颈点下落 3cm，前颈点下落或上抬 1cm，重新绘制一字形领口线。

（3）前领口绘制领口省 = 0. 5cm，为撇胸量，领口省合并，则前领宽会减小 0. 7～1cm。

（4）领贴宽 = 3cm，后领贴去省闭合，衣片的后省量留为缝缩量。

# 第三节　立领结构设计

## 一、立领种类

立领是围绕脖颈竖立状的领型，有简洁、精干之感，常见于旗袍、中山装、夹克衫等服装中。根据领片竖立状态可分为直立型立领、内倾型立领、外倾型立领（图 6-11）三种形式，根据领片与衣身的绱接方式分为单立领和连身立领（图 6-12）两种形式。

## 二、立领结构设计原理

**1. 立领结构线名称**

立领结构线的名称如图 6-13 所示。

**2. 立领的结构设计要点**

从图 6-13 可见，立领结构设计主要是下口线、上口线及领高等部位。下口线与衣身领

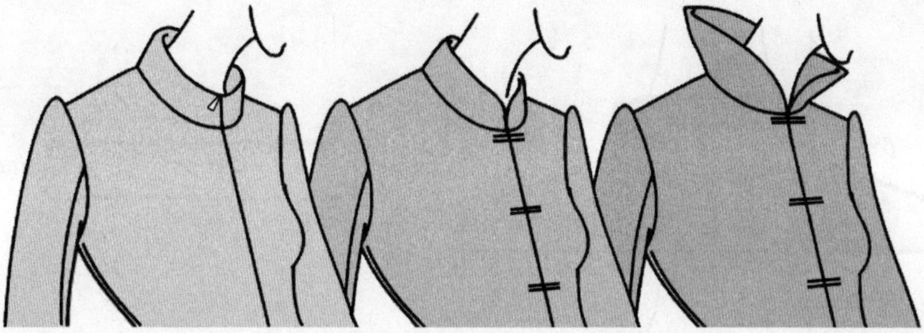


图 6-11　立领的三种状态

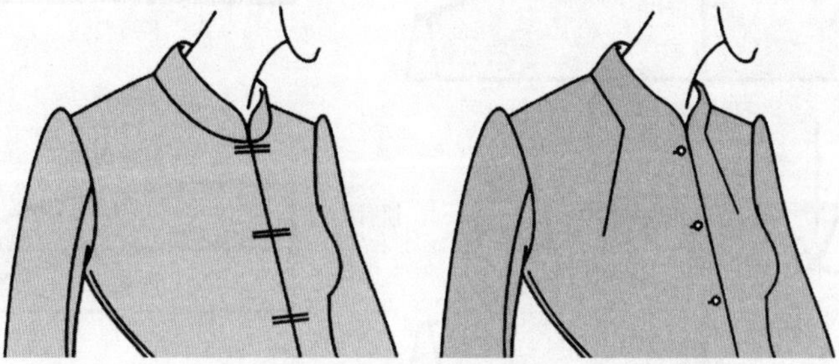


图 6-12　领片与衣身的绱接方式

口缝合，其与领口结构关系密切，形状和长度决定立领成型效果，而领高和上口线会直接影响颈部的舒适性。

（1）立领的领口弧

立领，尤其合体型单立领，当立领的领高≤4cm 时，可采用原型领口（或横开领加宽 0.5cm，加适当的间隙量）；当立领的领高≥4cm 时，考虑人体脖颈前俯运动较多，领高过高对颈前部造成不适，应基于原型领口，适当加大横开领、前直开领，重画新领口弧线。

（2）立领侧倾斜角

人体颈部呈上小下大的圆台状，$\alpha \approx 9^\circ$，则 $\beta$ 是衡量立领与颈部吻合程度的因素（图 6-14），$\beta$ 与上领口线变化也有密切关系。当 $\beta = 0^\circ$时，立领的上领口线 = 下领口线，立领呈圆柱状；当 $\beta = 0^\circ \sim 9^\circ$时，立领的上领口线≤下领口线，立领贴合颈部呈圆台状；当 $\beta \leqslant 0^\circ$时，立领上领口线≥下领口线，立领外倾呈倒圆台状（图 6-15）。

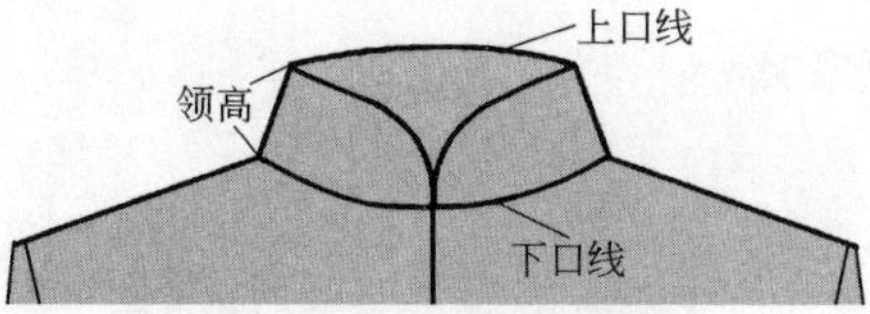


图 6-13　立领结构线名称

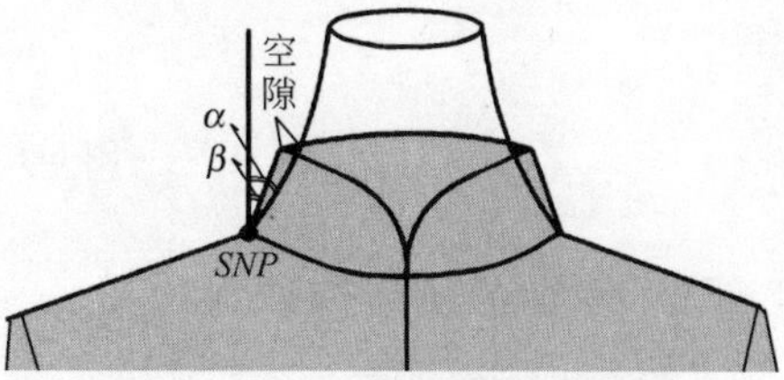


图 6-14　立领与颈部吻合关系

可见立领的结构设计中，前中起翘量的设置是非常关键的。一般说来，内倾合体型立领起翘度 = 0°～9°，即起翘量 = 0～2. 5cm，起翘量可根据立领与颈部的空隙量调整，起翘量越大，空隙就越小，对颈部活动的限制越大，为了改善立领的舒适性，可采取加大横开领，使立领上领口线＞颈围；其次，领高＞4cm 时，起翘量不宜过大，若领高超过颈部，为保证头部活动舒适，应加大上领口线，即应加大下翘量（图 6-16）。总之，起翘量的设置一是要保证人体头、颈部的活动舒适，二是要符合立领造型需要。

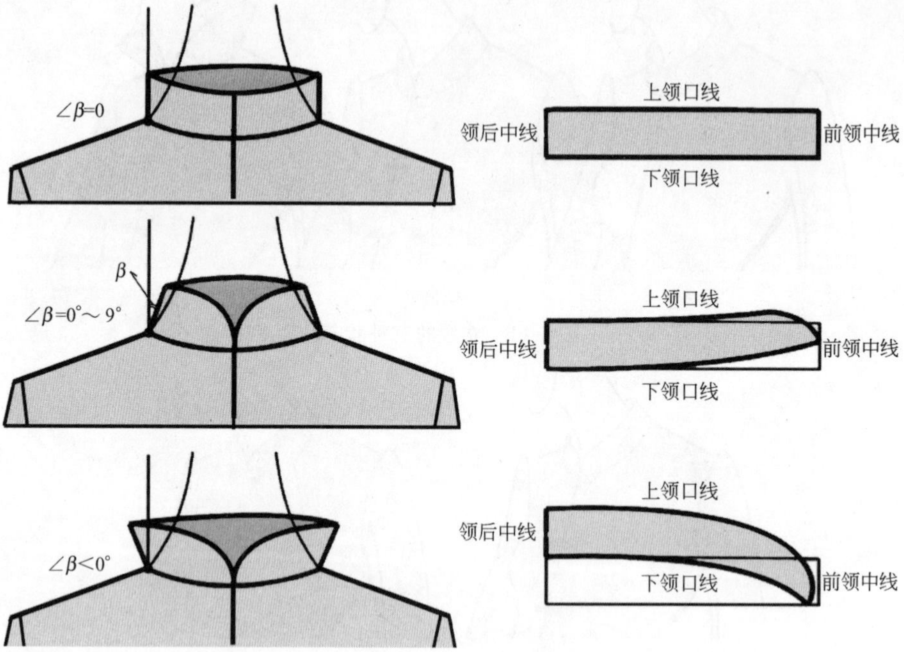


图 6-15　立领的三种状态

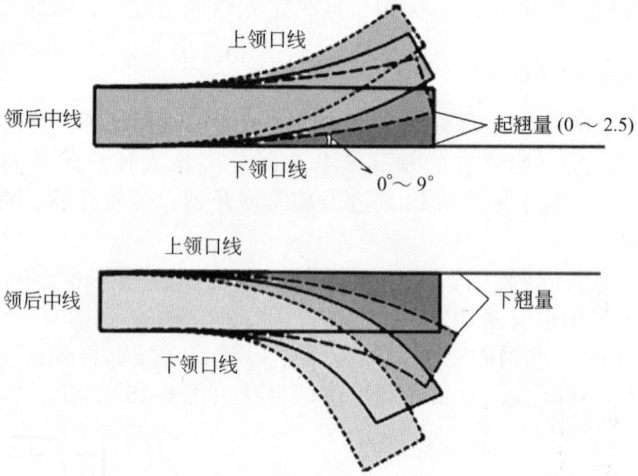


图 6-16　立领的上翘和下翘

## 三、典型立领结构设计

### （一）例款一：合体型立领结构设计

合体型立领的款式及结构如图 6-17 所示。

**1. 款式特点**

合体型立领是最基本的立领，与人体的颈部吻合呈圆台型。

**2. 结构要点**

① 横开领加宽 0. 5～1cm，前直开领下落 0. 5～1cm。

② 领下口线 = 前领弧 + 后领弧 = ⊗ + ◎，领高 = 4cm，起翘量 = 1. 5～2. 5cm。

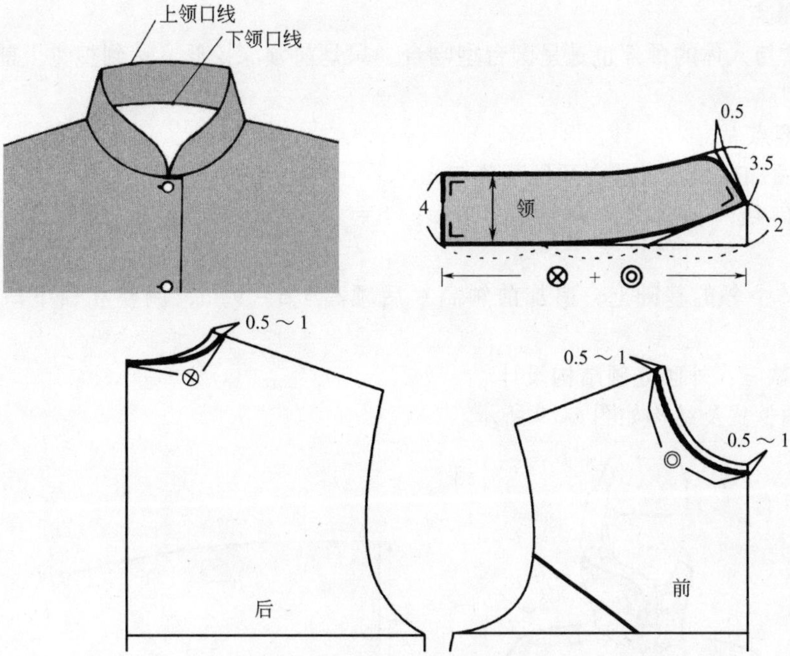


图 6-17　合体型立领的款式与结构设计

（二）例款二：合体变化立领结构设计（图 6-18）

合体变化立领的款式及结构如图 6-18 所示。

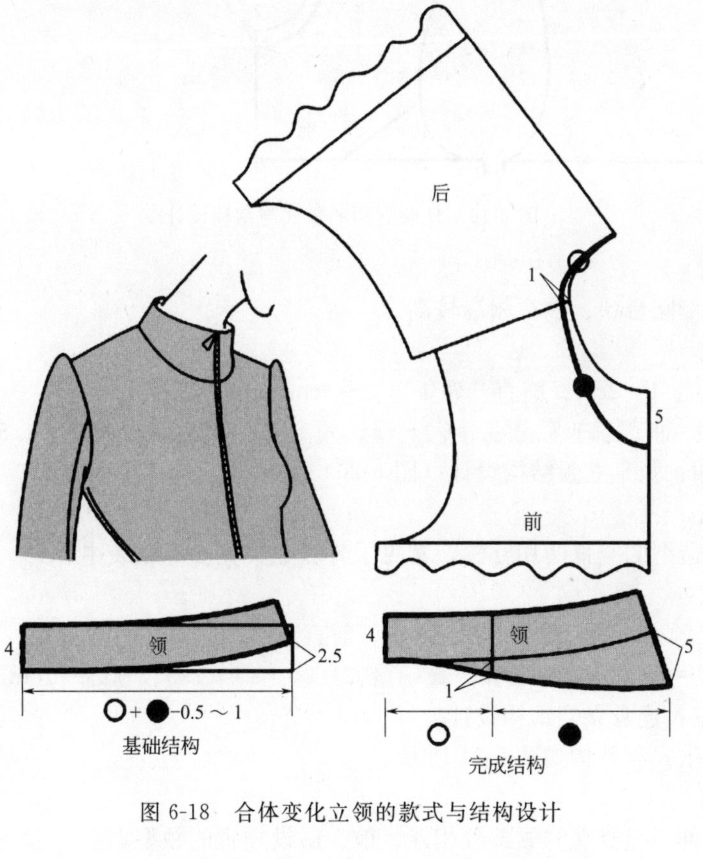


图 6-18　合体变化立领的款式与结构设计

**1. 款式特点**

本款立领与人体的颈部也是呈圆台型吻合，只是前领深挖低，达到视觉上前领高宽、后领高窄的领型。

**2. 结构要点**

① 横开领加宽 1cm，前直开领下落 5cm。

② 领下口线 = 前领弧 + 后领弧 − 0.5～1 = ○ + ◎ − 0.5～1，后领高 = 4cm，起翘量 = 2.5cm。

③ 在基本立领的基础上，追加前领高 = 后领高 + 5 = 9cm，调整立领下口线 = 领口弧长 = ○ + ●。

（三）例款三：外倾立领结构设计

外倾立领款式及结构如图 6-19 所示。

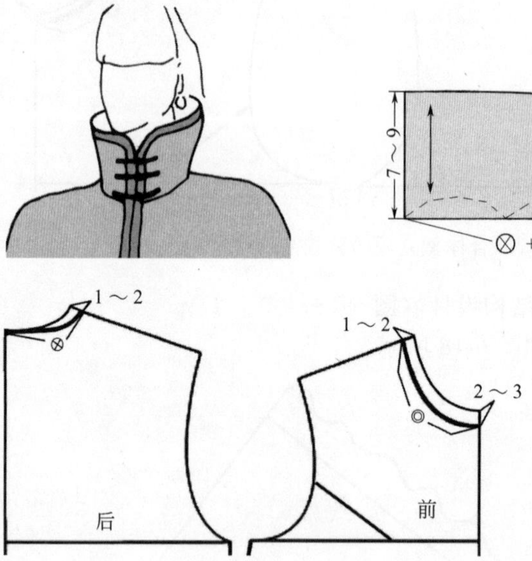

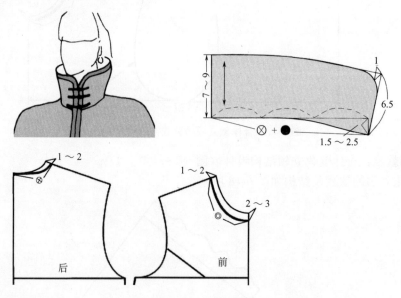

图 6-19　外倾立领的款式与结构设计

**1. 款式特点**

外倾立领呈倒圆台状，往往领高较高。

**2. 结构要点**

① 横开领加宽 1～2cm，前直开领下落 2～3cm。

② 领下口线 = 前领弧 + 后领弧 = ⊗ + ◎，领高 = 7～9cm，下翘量 = 1.5～2.5cm。

（四）例款四：竖直立领结构设计（图 6-20）

**1. 款式特点**

呈前倾圆柱造型的竖直两用立领，常见于外套、夹克衫等服装中。

**2. 结构要点**

① 考虑外套领口，横开领加宽 2～3cm，前直开领下落 1～2cm。

② 领下口线 = 前领弧 + 后领弧 + 叠门量 /2 = ⊗ + ◎ + 1.5，领高 = 7cm。

（五）例款五：连身立领结构设计

连身立领的款式与结构如图 6-21 所示。

**1. 款式特点**

衣身领口延伸，与竖立的领部分相连，前、后设领省的领型。

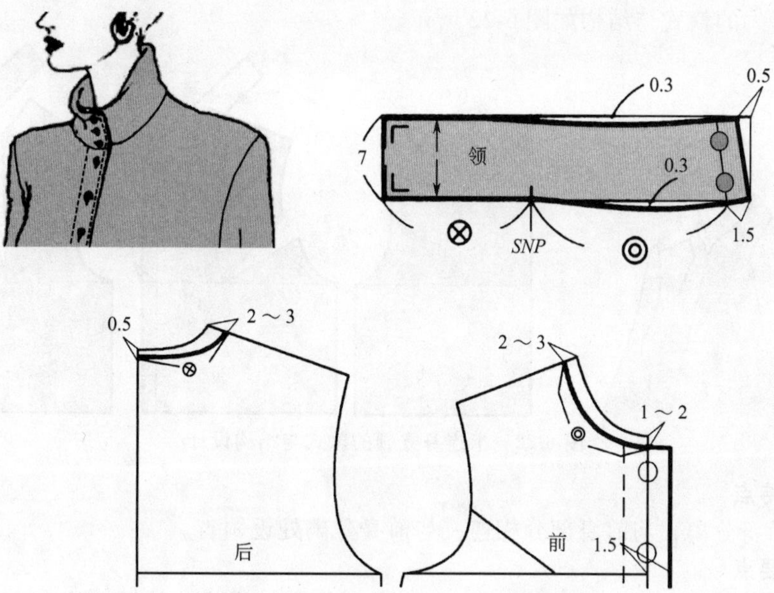


图 6-20　竖直立领的款式与结构设计

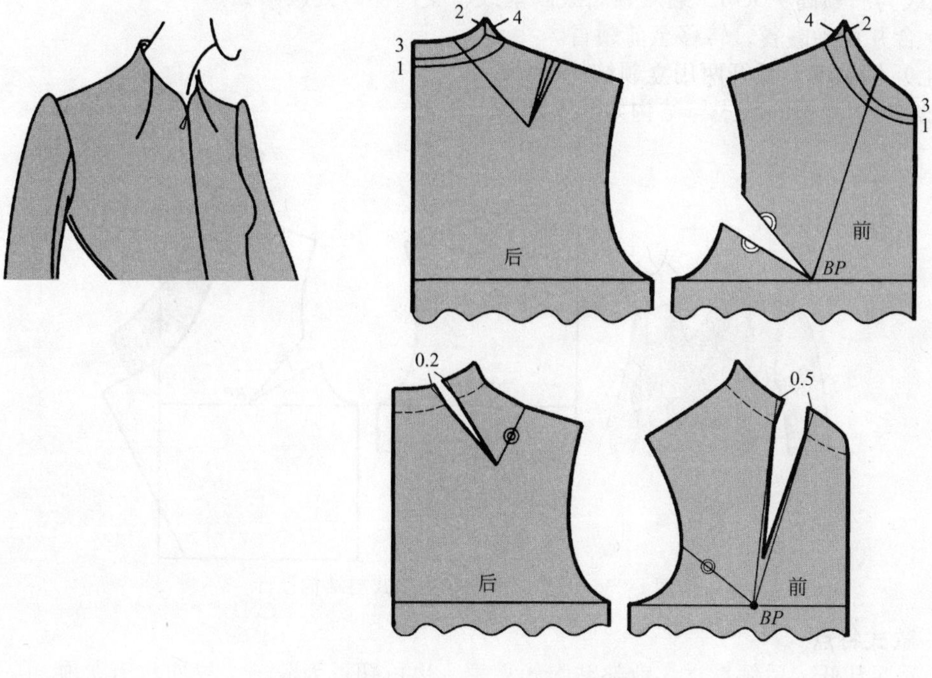


图 6-21　连身立领的款式与结构设计

**2. 结构要点**

① 侧颈点垂直向上 2cm，与肩线连成弧线 = 4cm，前、后颈点垂直向上 3cm、向下 1cm，画新领弧和领口弧，并在前后领口设领省位置线。

② 合并后肩省、前袖窿省，转移至领省，领省的领口至领口，后斜偏出 0. 2cm，前斜偏出 0. 5cm，并修改前领省的实际省尖距 *BP* 点为 4～5cm。

（六）例款六：半连身立领结构设计

半连身立领的款式与结构如图 6-22 所示。

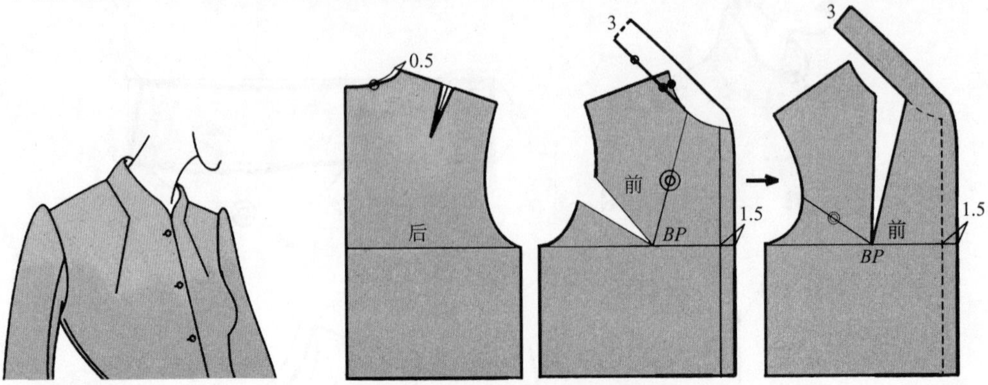


图 6-22　半连身立领的款式与结构设计

**1. 款式特点**

立领与后身分离，与前身部分相连，与前身分离处设领省。

**2. 结构要点**

① 后横开领加宽 0. 5cm，前中加 1. 5cm 叠门量画门襟线，前领口的中点与 *BP* 点连线为领省位置线。

② 过前领口的中点作领口弧的切线，并取长 = 前领口弧 /2 + 后领口弧 = ● + ○，画切线的垂线为后领高 = 3cm，继后领高线画垂线，交门襟线处画圆弧。

③ 合并前袖窿省，转移至前领省。

（七）例款七：低开两用立领结构设计

低开两用立领的款式与结构如图 6-23 所示。

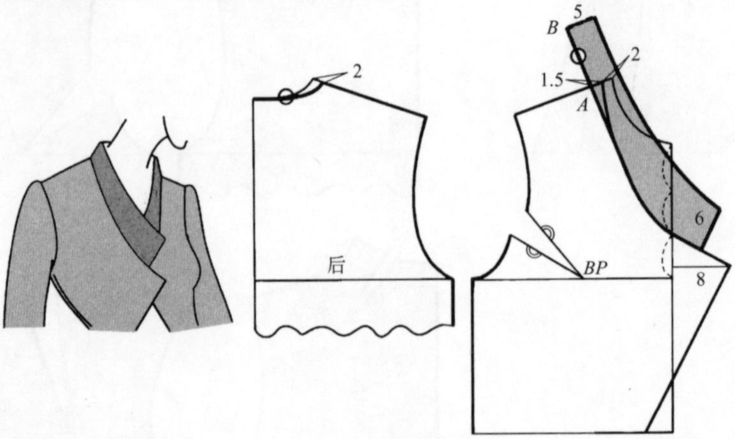


图 6-23　低开两用立领的款式与结构设计

**1. 款式特点**

前领深开低，后领直立，前部贴胸式立领，也可翻折为驳领，故称两用立领。

**2. 结构要点**

① 横开领加宽 2cm，前直开领深在前颈点至胸围线的 2/3 处，画前衣身的新领弧线，叠门宽 8cm。

② 过前领弧的中点作领弧的切线，并取长 = 前领口弧 /2 + 后领口弧 = ● + ○，画切线的垂线为后领高 = 5cm，继后领高线画垂线。

③ 根据款式，画前立领部分造型。

# 第四节　翻领结构设计

翻领是常用于衬衣、便装、夹克衫、大衣等服装的领型。当外倾立领的上口线加长到一定量时，领上口线能翻折下来落在肩上，就形成了由领座和领面两部分组成的翻领，也叫企领。根据领座和领面结合方式，分为连体翻折领和分体翻折领两种领型。连体翻折领是以翻折线为界分成领座与领面连裁的一片式的领型，分体翻折领是领座与翻领面分裁并缝接的两片式的领型，最典型的翻领是衬衣领。

## 一、分体翻折领结构设计

### （一）分体翻折领结构线名称

分体翻折领结构线名称如图 6-24 所示。

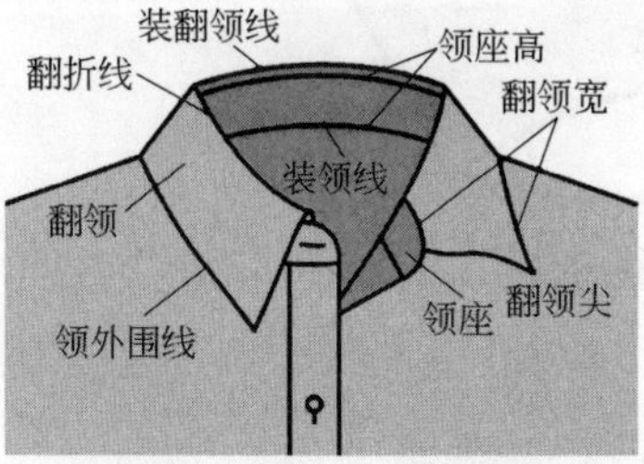


图 6-24　分体翻折领结构线名称

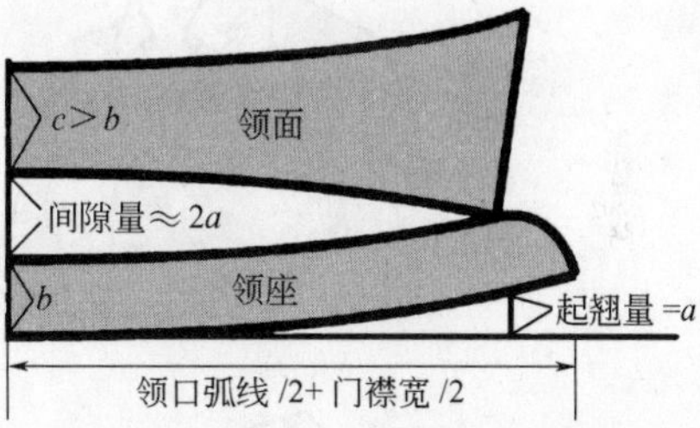


图 6-25　领面与领座的结构关系

### （二）分体翻折领结构设计原理

如图 6-25 所示，从分体翻折领结构上看，翻领可理解为在合体立领的基础上加装翻领面，因此，先根据衣领口绘制竖立的领座结构，依照领座上口线做领面的下口线，再绘制领面宽、领外围线和领角型。通常领面宽大于领座高，成型后翻领面盖住领座。

① 领座前中上翘量 = 合体立领 = 1～2. 5cm，翘势越大，下口线弧度越大，越贴合颈部。

② 领面下口线 = 领座上口线，两线的间隙量 = 2×起翘量 = $2a$ 左右；当间隙量＜$2a$ 时，领面下口线弧度＜领座上口线弧度，成型翻领面与领座贴合较紧；当间隙量＞$2a$ 时，领面下口线弧度＞领座上口线弧度，成型翻领面与领座间空隙较大。

③ 领面宽 - 领座宽 = $c-b\geq$0. 8cm，成型后翻领面才能盖住领座。

### （三）典型分体翻折领结构设计

**1. 例款一：衬衣领结构设计**（图 6-26）

（1）款式特点。衬衣领是最典型的分体翻折领，与人体的颈部吻合，领面与领座紧贴。

（2）结构要点

① 基于衣领口，横开领加宽 0. 5～1cm，前直开领下落 0. 5～1cm，画新领口弧 = ○ + ◎。

② 领座的领下口线 = 前领弧 + 后领弧 + 叠门宽 = ○ + ◎ + ●，后领座高 = 3cm，前领座高 = 2. 5cm，起翘量 = 1. 5cm。

③ 领面下口线与领座上口线的间隙量 = 2. 5cm，后领面宽 = 5cm，前领面宽 = 7cm。

**2. 例款二：分体风衣领结构设计**（图 6-27）

（1）款式特点。分体风衣领是领座与翻领面分裁缝接的两片式的领型，领与人体的颈部、领面与领座均有一定的空隙。

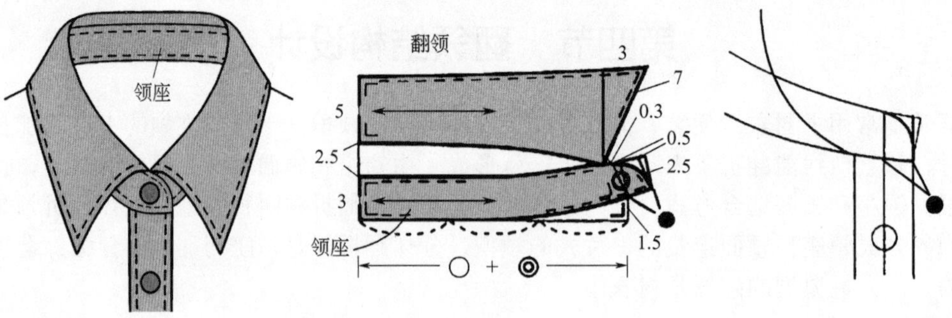


图 6-26　衬衣领领款与结构

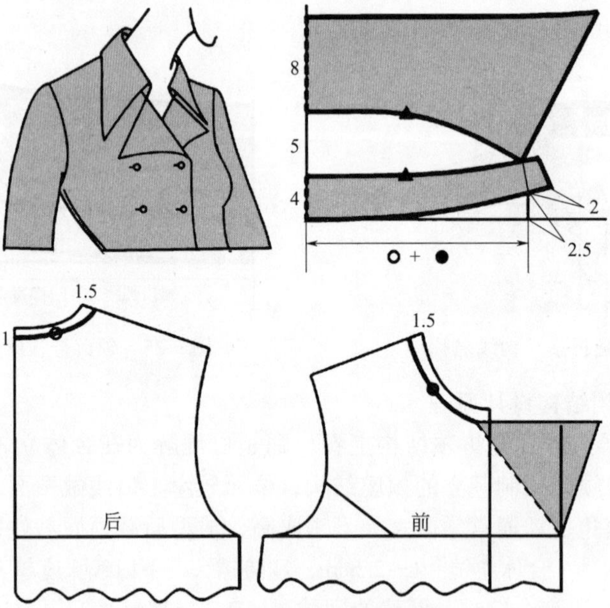


图 6-27　分体风衣领领款与结构

（2）结构要点

① 横开领加宽 1. 5cm，前、后直开领下落 1cm，双排扣加 7～8cm 叠门量，画新领口弧线和驳头。

② 领座的领下口线 = 前领弧 + 后领弧 = ○ + ●，后领座高 = 4cm，前领座高 = 2cm，起翘量 = 2. 5cm。

③ 领面下口线与领座上口线的间隙量 = 5cm，后领面宽 = 8cm，绘制领面。

## 二、连体翻折领结构设计

（一）连体翻折领结构线名称

连体翻折领结构线名称如图 6-28 所示。

（二）连体翻折领结构设计原理

**1. 连体翻折领的两种造型**

连体翻折领以翻折线为界分成领座与领面连裁的一片式的领型，常见有 V 形翻折领与 U 形翻折领两种造型（图 6-29）。V 形翻折领指从侧颈点至前领口为直线翻折状，U 形翻折

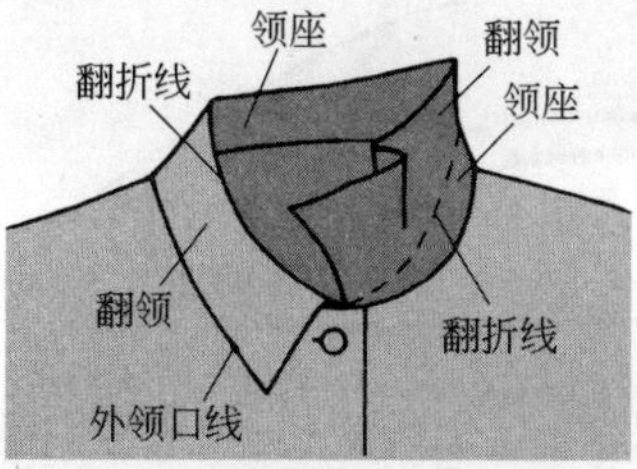


图 6-28　连体翻折领的结构线名称

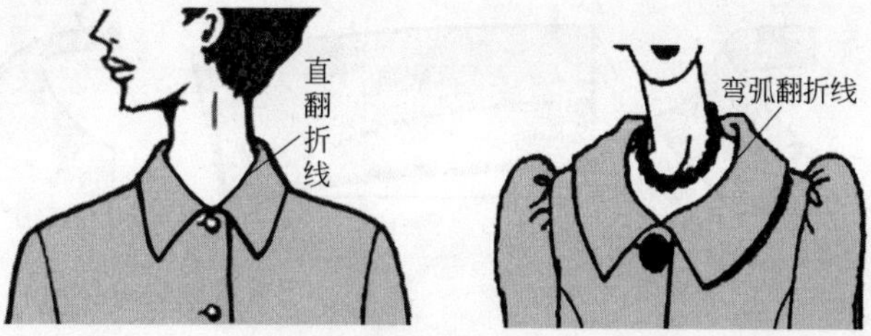


图 6-29　连体翻折领的两种造型

领指从侧颈点至前领口为绕颈型的弯弧翻折状。

**2. 领下口线与翻折线的变化**

根据连体翻折领两种造型的需要，领下口线与翻折线的弯曲程度会相应变化（图6-30）。当翻折线略呈直线型，领下口线前部分画成凸弧状，领片缝装后呈直线翻折领；当翻折线略呈弯弧曲线型，领下口线前部分画成凹弧状，领片缝装后呈曲线翻折领，这是前领口线与领下口线产生空隙的缘故所致（图 6-31），翻领会自然地形成围颈型。

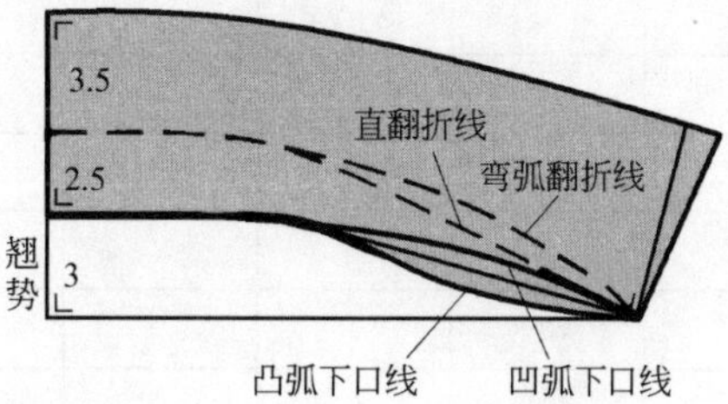


图 6-30　领下口线与翻折线的变化

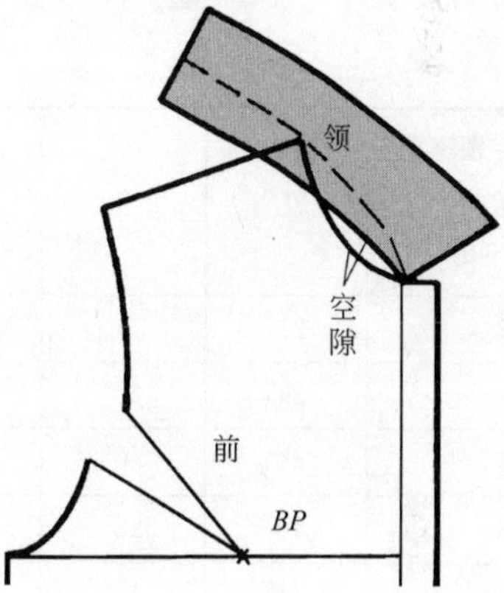


图 6-31　前领口线与领下口线的空隙

**3. 连体翻折领两种状态的结构设计**

连体翻折领两种状态的结构设计如图 6-32、图 6-33 所示。

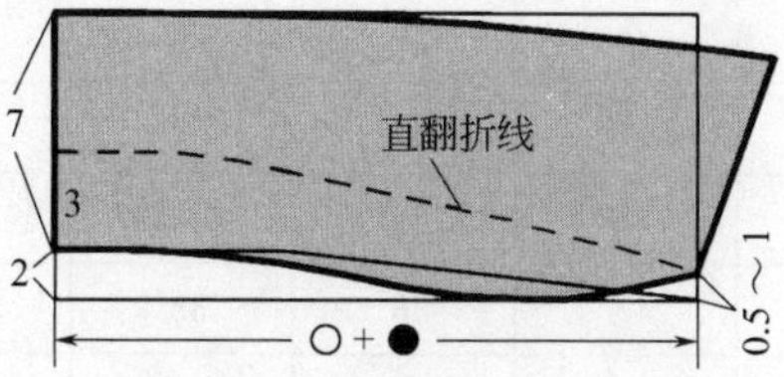


图 6-32　直线翻折领的结构

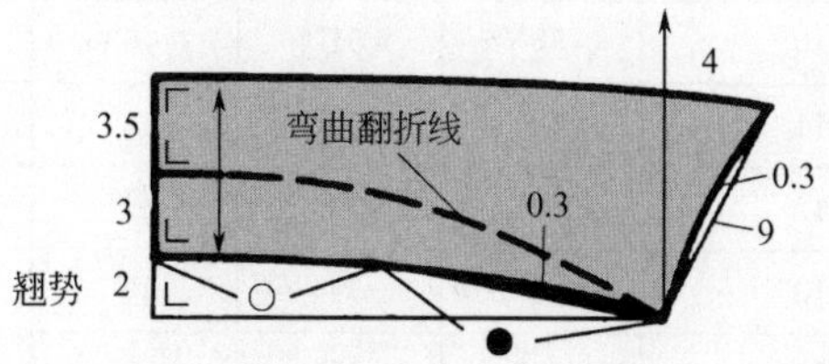


图 6-33　曲线翻折领的结构

**4. 领后翘势与领型的变化关系**

领后翘势与领型的变化关系如图 6-34 所示。当领宽相同时，领面宽与领座宽的差数越小，领后翘势就越小，领外口线与领下口线的长度差也越小，则领型围绕颈部呈竖立状；反之，领面宽与领座宽的差数越大，领后翘势就越大，领外口线与领下口线的长度差也越大，则领型越平坦于颈肩部。一般翘势量与领面宽、领座宽有关系，翘量 = 2～3 ×（领面宽 - 领座宽）。

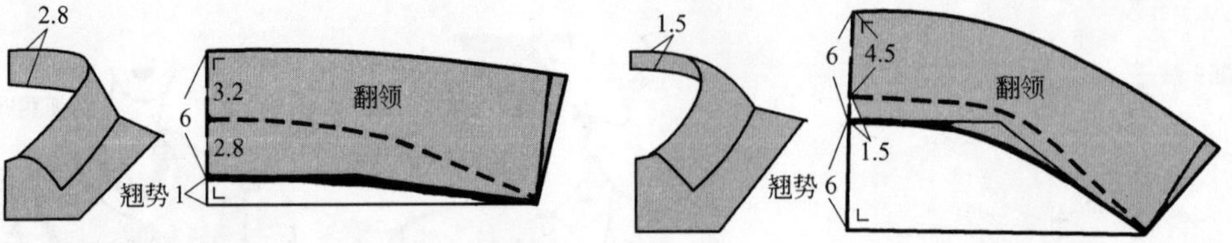


图 6-34　领后翘势与领型的变化关系

**5. 连体翻折领基于前衣身的结构设计**

为了提高翻折领领下口线与前领弧的吻合程度，翻折领结构设计可基于前衣身的领弧设计，其关键结构是翻折线和翻领倾倒角 $\beta$ 的确定，倾倒角 $\beta$ 代替了翻领的水平弯弧度（即领后翘势）。倾倒的目的是使翻领的后部分符合人的颈部斜度，倾倒量越大，领子的最外沿的线就越长，同时底领与面领之间分离的角度也越大。由此可见，倾倒量与翻领领座和领面宽度、翻领的倾斜角度相关联。

倾倒量可以用角度表示，经科学论证，翻领的倾倒角 $\beta$ 以领座宽与翻领宽的比值计算确定，即倾倒角 $\beta$ = 领座宽 ÷ 翻领宽 = $n^\circ$，其数值见下表。

**翻领倾倒角数值**

| 领座宽 / 倾倒角 / 翻领宽 | 1 | 2 | 3 | 4 | 5 | 6 | 7 | 8 |
|---|---|---|---|---|---|---|---|---|
| 2 | 27° | 0 | | | | | | |
| 3 | 39° | 29° | 0 | | | | | |
| 4 | 45° | 30° | 14° | 0 | | | | |
| 5 | 49° | 38° | 25° | 11° | 0 | | | |
| 6 | 51° | 42° | 32° | 21° | 10° | 0 | | |
| 7 | 53° | 45° | 37° | 29° | 19° | 9° | 0 | |
| 8 | 55° | 48° | 41° | 33° | 26° | 18° | 8° | 0 |
| 9 | 56° | 50° | 43° | 37° | 30° | 23° | 15° | 7° |
| 10 | 56° | 51° | 46° | 40° | 34° | 28° | 21° | 14° |
| 11 | 57° | 52° | 48° | 43° | 37° | 31° | 26° | 20° |
| 12 | 58° | 53° | 49° | 44° | 40° | 35° | 29° | 24° |
| 13 | 58° | 54° | 50° | 46° | 42° | 38° | 33° | 28° |
| 14 | 59° | 55° | 51° | 48° | 43° | 39° | 35° | 31° |
| 15 | 59° | 56° | 52° | 49° | 45° | 41° | 37° | 34° |
| 16 | 59° | 56° | 53° | 50° | 46° | 43° | 39° | 36° |
| 17 | 59° | 57° | 53° | 50° | 47° | 44° | 41° | 37° |
| 18 | | 57° | 54° | 51° | 48° | 45° | 42° | 39° |
| 19 | | 57° | 54° | 52° | 49° | 46° | 43° | 40° |
| 20 | | 57° | 55° | 52° | 50° | 47° | 44° | 42° |

（三）典型连体翻折领结构设计

**1. 例款一：V 形翻折领结构设计**

V 形翻折领结构设计如图 6-35 所示。

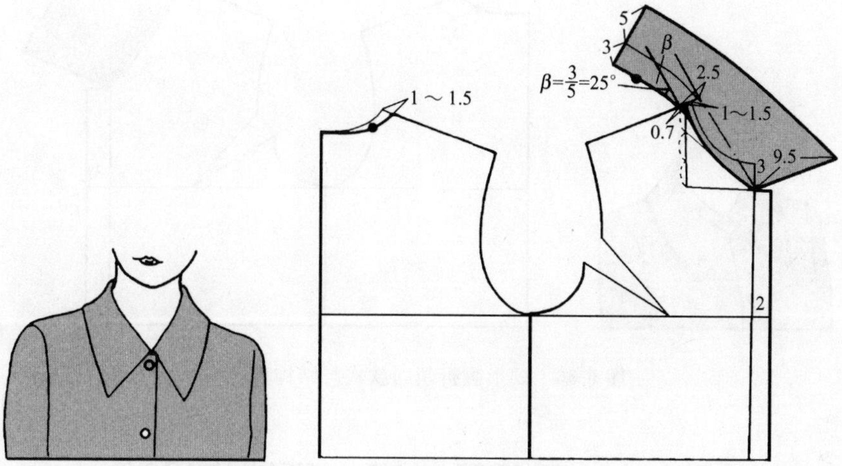


图 6-35　V 形翻折领的款式与结构设计

(1) 款式特点。V 形翻折领是指领座与领面连裁的一片式，是直型翻折线的领型。

(2) 结构要点

① 衣身的横开领加大 1～1. 5cm，前直开领下落 3cm，修画前、后领口弧线。

② 侧颈点沿肩线偏进 0. 7cm，然后延伸侧领座宽 = 2. 5cm，定翻折基点，前领深为翻驳止点，连接翻折基点和止点画翻折基线。

③ 过肩线偏进 0. 7cm，点画翻折线的平行线 = 后领口弧线长 = △，倾倒角 $\beta$ = 领座宽 ÷ 翻领宽 = 3 ÷ 5 = 25°，画等腰三角形，即获后翻领底线 = △，顺势画 S 形领下口弧线。

④ 画翻领底线的垂线 = 领座宽 + 翻领宽，继领宽线画垂线，前领宽 = 9. 5cm，根据款式圆顺连接前后领外口线，并画前领角造型。

**2. 例款二：U 形翻折领结构设计**

U 形翻折领的款式与结构见图 6-36。

(1) 款式特点。U 形翻折领是指领座与领面连裁的一片式，是弯弧翻折线的领型。

(2) 结构要点

① 衣身的横开领加大 1～1. 5cm，前直开领下落 5cm，修画前后衣领口弧线。

② 侧颈点沿肩线偏进 0. 7cm，然后延伸侧领座宽 = 2. 5cm，定翻折基点，前领深为翻驳点，连接翻折基点画翻折基线。

③ 过肩线偏进 0. 7cm，点画翻折线的平行线 = 后领口弧线长 = △，倾倒角 $\beta$ = 领座宽 ÷ 翻领宽 = 3 ÷ 9 = 43°，画等腰三角形，即获后翻领底线 = △，顺势画弯弧领下口线，领下口线的垂线 = 领座宽 + 翻领宽，继而再画垂线，前领宽 = 12cm，连接前后领外口线，并画前领角。

④ 根据 U 形翻折领的造型需要，基于翻折基线修画相似于领下口弧线的弯弧翻折线。

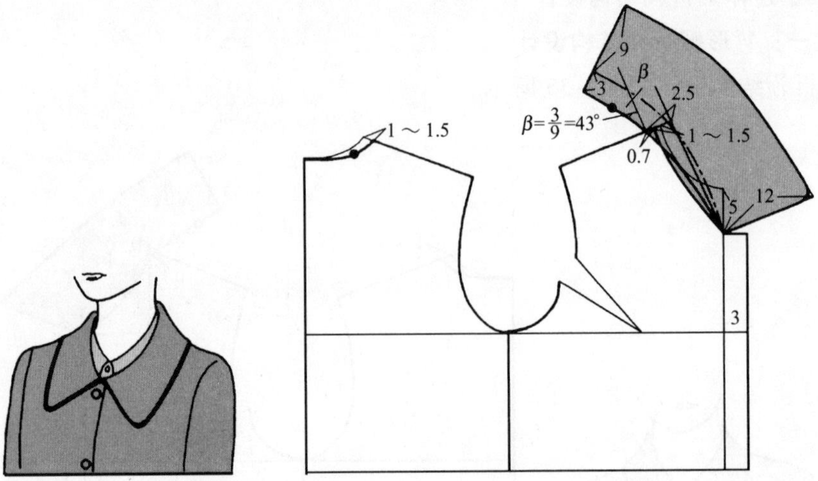


图 6-36 U 形翻折领的款式与结构设计

# 第五节 平领及其变化领结构设计

当翻领的翘势大到一定量，领外口线与领下口线的长度差很大，领座就变得非常小，几乎平贴于肩上，此时领型就变成了平领，也叫坦领、扁领、摊领等，随平领外口线型的变化，可产生各种款式领型（图 6-37）。

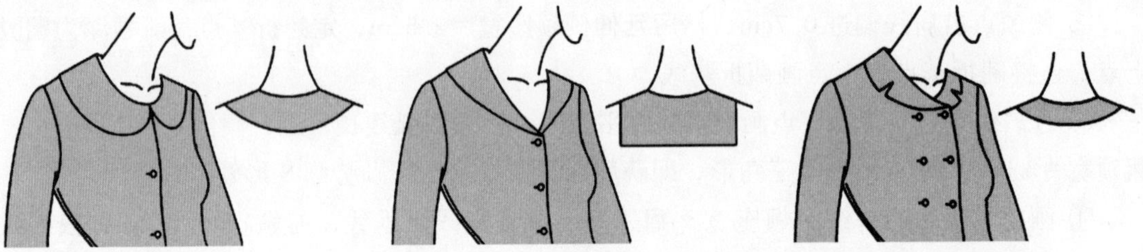

小坦领　　海军领　　开口平领

图 6-37 平领款式

## 一、平领结构线名称

平领的结构线名称如图 6-38 所示。

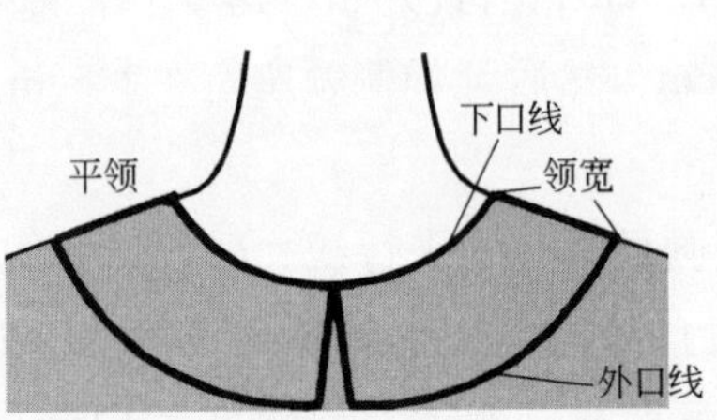


图 6-38 平领结构线名称

## 二、平领结构设计原理

由于平领是平摊在肩部，最高效准确的结构设计方法是将前后衣身肩线叠合绘制领型结构。以侧颈点为重叠基点，为了使外领口能够平贴肩上，下口线与衣领口接缝线不外露，前后肩线要有一定的重叠量。

肩线重叠量加大，领座变高，趋向翻领状；重叠量减小，领座变底，趋向披肩的平领。平领肩线重叠量最大极限值 = 5cm，重叠量最佳范围 = 1. 5～3. 5cm（或重叠角度 = 10°～15°），产生的领座高 = 0. 8～1. 5cm。

## 三、典型平领结构设计

（一）例款一：小坦领结构设计

小坦领款式与结构见图 6-39。

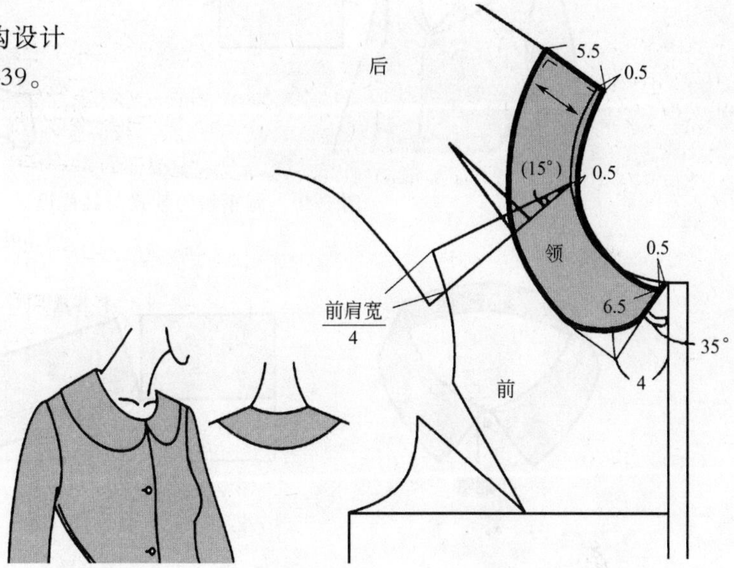


图 6-39　小坦领的款式与结构设计

**1. 款式特点**

常见的圆形领口的平领，领座较低，领片几乎平摊在肩上。

**2. 结构要点**

① 前后侧颈点重叠，肩线叠合前肩宽的 1/4。

② 后颈点、侧颈点沿出 0. 5cm，前颈点下落 0. 5cm，修画领下口线。

③ 后领宽 = 5. 5cm，前领宽 = 6. 5cm，画领外口线，并修画前领外口圆弧线。

（二）例款二：海军领结构设计

海军领款式与结构见图 6-40。

**1. 款式特点**

海军领也叫水兵领，V 形领口，领片平摊在肩上，领后为方领形。

**2. 结构要点**

① 前领深下落 8cm，追加 1. 5 叠门量，修画新衣领弧。

② 前后侧颈点重叠，肩线叠合 1. 5cm，后颈点延出 0. 5cm，修画领口线。

③ 后领 = 13cm × 15cm，画后面方形领外口线，并延连至前领深点画 V 字圆弧线。

综上所述，领子的结构上变化有一定的规律，把立领的上口线加长，就得到连体翻折领；将连体翻折领的外口线加长，就得到坦领；将坦领的外口线加长，就得到波浪领（图 6-41）。

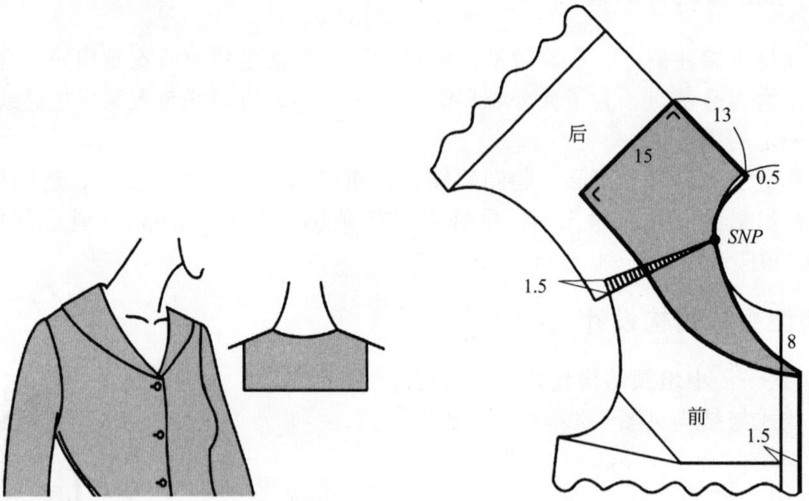


图 6-40　海军领的款式与结构设计

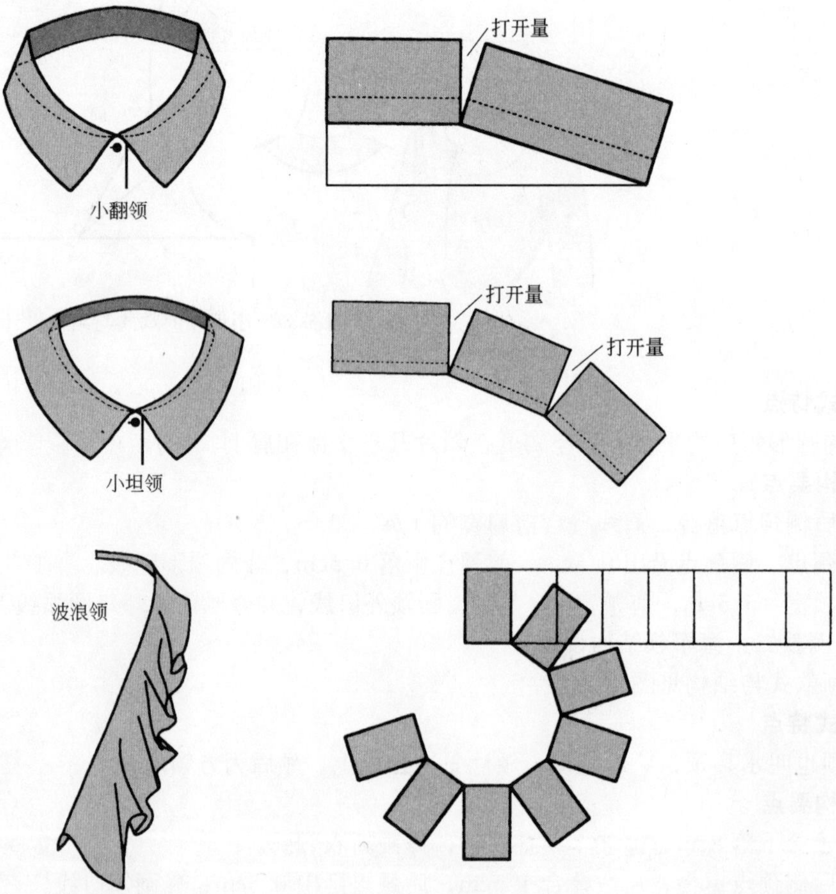


图 6-41　领子结构的变化规律

# 第六节 翻驳领结构设计

翻驳领由领口、领座、翻领及驳头四部分组成，驳头是前衣身的一部分，是驳头随翻领一起翻折的领型。翻驳领是领子结构中最复杂、用途广泛的领型。翻驳领变化也较丰富，常见的有平驳领、戗驳领、青果领等款型（图6-42）。

图 6-42 常见的翻驳领款式

## 一、翻驳领结构线名称

翻驳领结构线的名称如图6-43所示。

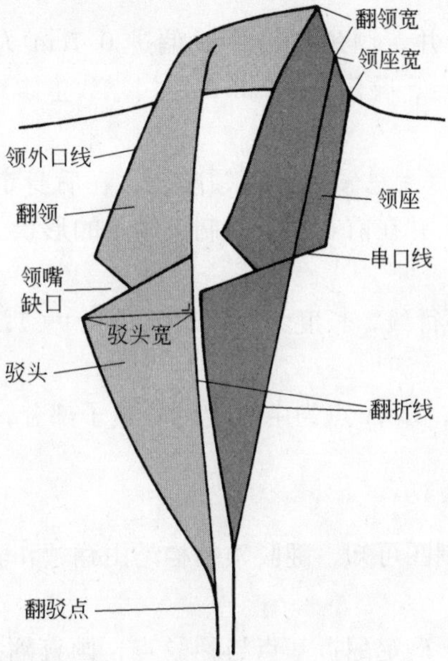


图 6-43 翻驳领结构线的名称

## 二、翻驳领结构制图及其结构设计原理

在所有领子中，翻驳领结构最复杂，是几种领型的综合体，设计的关键点、难点也较多。翻驳领同翻领一样，也存在连体式与分体式两种结构。为了便于理解，以平驳领为例，介绍较直观的翻驳领结构制图方法。

**1. 连体翻驳领结构制图方法一**

连体翻驳领结构制图方法一如图 6-44 所示。

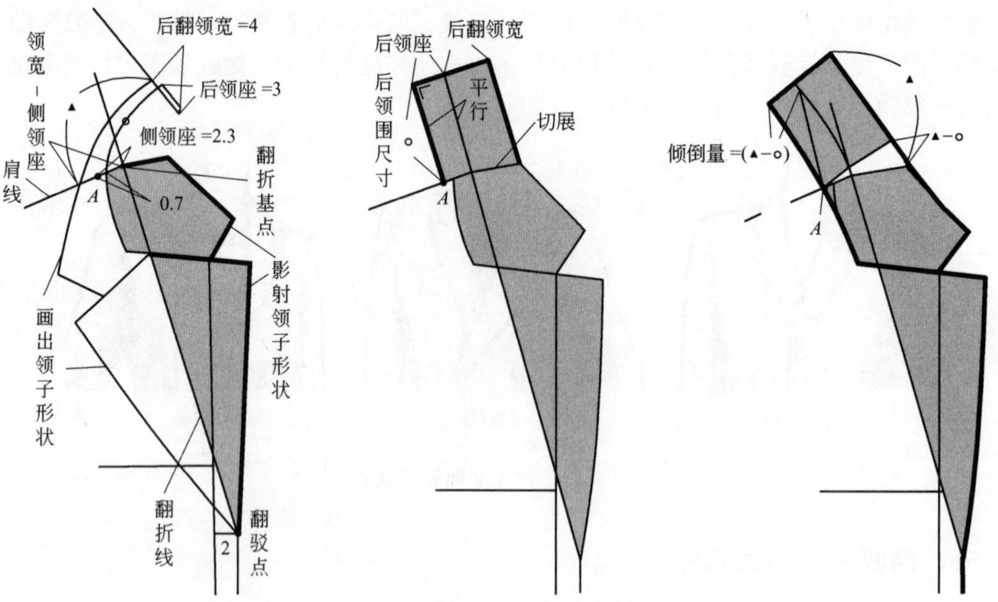


图 6-44 连体翻驳领结构制图方法一

① 将前后衣身的肩线合并，侧颈点沿肩线偏进 0.7cm 为 *A* 点，从 *A* 点起，侧领座宽 = 2.3～2.5cm，定翻折基点，叠门宽 = 2cm，在门襟线上定翻驳止点，连接翻折基点画翻折线。

② 在肩线上确定侧翻领宽 = 总领宽 − 侧领座宽，在后身定后领座和后翻领，画后领口弧线 = ○，后领外口线 = ●，并在前衣身上绘制出领子的形状。再以翻折线为对称轴，将前领形状对称影射过去。

③ 过 *A* 点作翻折线的平行线，长度为后领口弧线长 = ○，画垂线长 = 后领座宽 + 后翻领宽，再画垂线连接前领。

④ 沿前后领的界线剪开，以 *A* 点为中心旋转后领子部分，后领外口线长 = ▲，可见后领倾倒量 = ▲ − ○。

**2. 连体翻驳领结构分析**

由上述连体翻驳领结构制图可知，翻驳领结构是由翻领和驳领两部分组成，是由两部分相连形成领嘴的领型。

驳领是典型的平领结构，确定翻折基点与翻驳点，画直翻折线是驳领的基本结构方法，领子的尺寸、形态是造型设计，然后以翻折线为对称轴，将领子造型对称影射，即可完成驳领结构设计；也可以翻折线为基线，直接设计驳领结构。

翻领是具有企领与平领综合特点的结构，领下口线和领外口线、领座宽和领面宽及产生的后领倾倒量是结构的关键。倾倒量 = 领下口线与领外口线的差量，而领外口线的位置与长度取决于领座宽和翻领宽。

**3. 连体翻驳领结构制图方法二**

连体翻驳领结构制图方法二如图 6-45 所示。

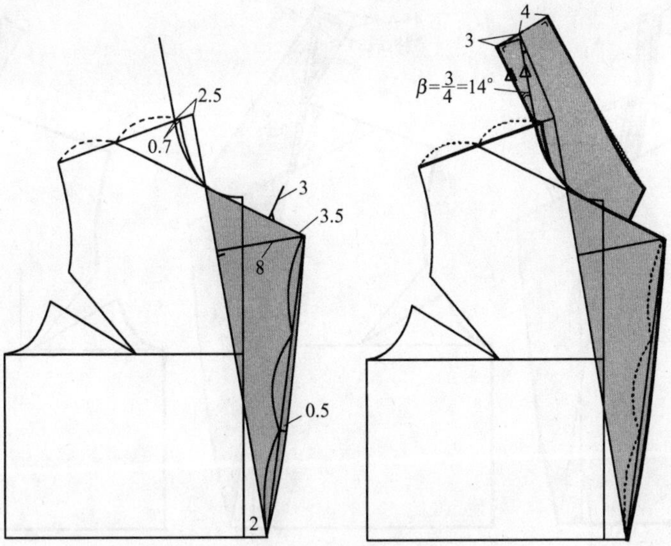


图 6-45 连体翻驳领结构制图方法二

① 侧颈点沿肩线偏进 0.7cm，然后延伸侧领座宽 = 2.5cm，定翻折基点，叠门宽 = 2cm，在门襟线上定翻驳点，连接翻折基点画翻折线。

② 过小肩的中点（或小肩点、小肩 1/3 点）画前衣身领口弧的切线为串口线，驳领宽 = 8cm，绘制驳领的形状，并在串口线偏进 3.5cm 画领嘴缺口角 = 60°～90°，翻领领角宽 = 3cm。

③ 过肩线偏进 0.7cm，点画翻折线的平行线 = 后领口弧线长 = △，倾倒角 = 领座宽 ÷ 翻领宽 = 3 ÷ 4 = 14°，画等腰三角形，即获后翻领下口线 = △，翻领下口线的垂线 = 领座宽 + 翻领宽，继画后领宽的垂线，并连接翻领领角。

**4. 分体翻驳领结构原理及结构制图**

连体翻驳领结构在一般女装结构应用中，其领底弧下弯造型使领座与颈部会出现空隙不够伏帖，对于高档女装、男装来讲，这种结构不够理想，在服装实际生产中，大多数服装采取领座和领面分体结构设计。一是基于连体翻驳领结构，将翻领的领面与领座剪展修整处理，二是领面与领座进行独立结构设计。为了翻领结构更加完美，使翻领后部更加贴紧颈部，领面平整伏帖而柔软，领面与领座的连接缝不在翻折线上，而在靠近翻折线的 1/3 处断开两部分，余下部分设计为分体领座而向上弯曲，另领座 1/3 与领面连成一体作向下弯曲的伏倒处理，两弯曲度相匹配，解决了与颈部吻合伏帖的问题，达到翻驳领最佳结构造型。分体翻驳领结构制图方法如下（图 6-46）。

① 侧颈点沿肩线偏进量 = △≈1cm，然后延伸侧领座宽 = 2.5cm，定翻折基点，叠门宽 = 2cm，在门襟线上定翻驳点，连接翻折基点，画翻折线。

② 过小肩的中点画前衣身领口弧的切线为串口线，过侧颈点作翻折线的平行线，交串口线为 *A* 点。

③ 侧颈点偏进△的点与点 *A* 相连并延长 = 后领口弧长 = ▲，后领底线前倾 1cm，画此线的垂线 = 2△，继画垂线，并画领座底弧的平行弧，即完成领座。

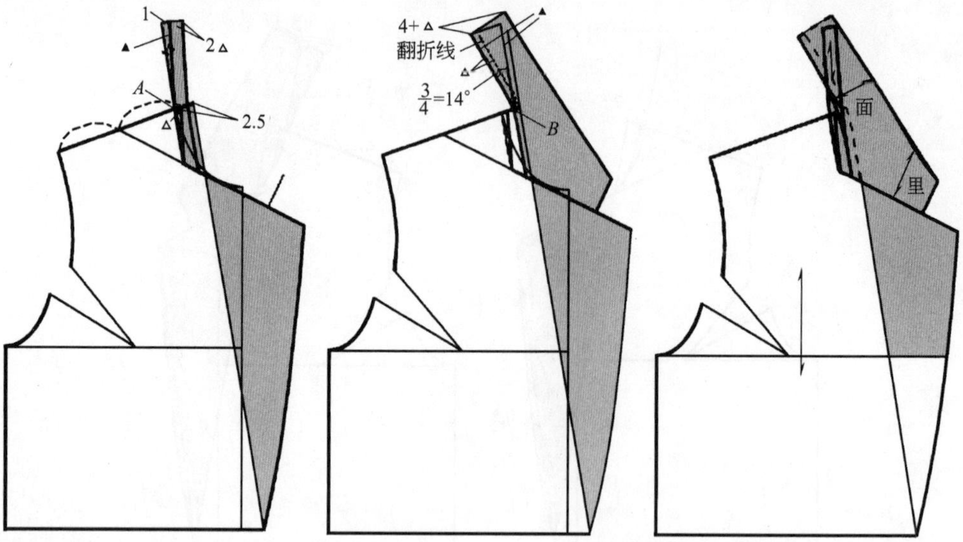


图 6-46　分体翻驳领的结构制图方法

④ 过 $B$ 点画翻折线的平行线 = 后领口弧线长 = ▲，倾倒量 = 领座宽 ÷ 翻领宽 = 3 ÷ 4 = 14°，画翻领下口弧线，下口弧线的垂线 = 翻领宽 + △，继画垂线，并连接翻领领角，即完成翻领面。

## 三、翻驳领造型变化

在常见翻驳领款式的基础上，随翻驳点高低位置、翻领面与驳头的宽窄、驳头造型、串口线的上下位置、串口线的倾斜度、缺嘴造型等参数可变化出很多的翻驳领型。

**1. 翻驳点位置变化**

调整翻驳点高低位置，驳领的长度随之变化，从结构上看，翻驳线的垂直倾斜度受之影响（图 6-47）。对常规服装而言，对纽扣的位置与个数还有约定俗成的规定，即一粒扣的翻驳点一般与大袋口平齐，两粒扣的翻驳点一般在腰节线上 2cm，三粒扣的翻驳点一般与袖窿深线平齐，四粒扣的翻驳点一般靠近胸袋位。

**2. 驳领的宽窄及领角造型变化**

在翻驳点位置不变的情况下，驳领的宽窄会随服装时尚流行的趋势而变化，随之翻领的领角造型会有相似或相向的变化，以追求统一协调或对比之美（图 6-48）。

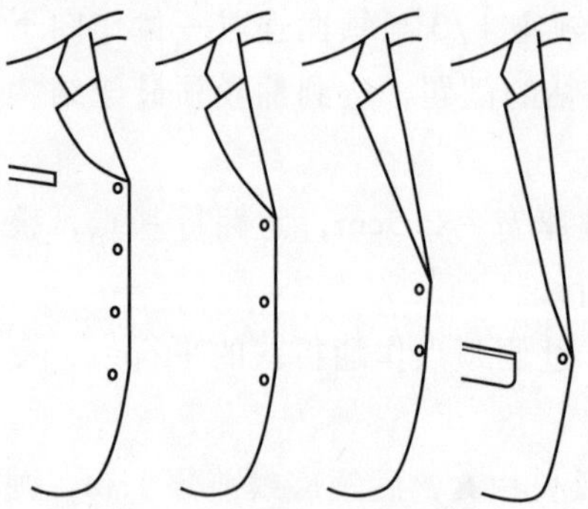

图 6-47　翻驳点位置的变化

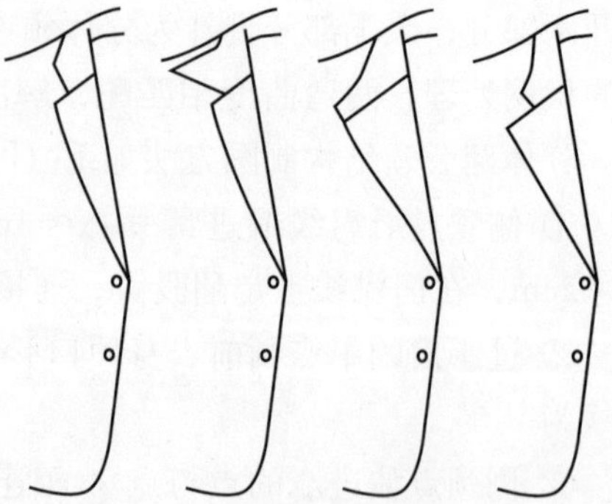

图 6-48　驳领的宽窄及领角造型的变化

**3. 驳领造型变化**

驳领造型的变化方式与手法多种多样，可采用不同的几何形，也可采用分割、展开方式变化来变化驳领的造型（图 6-49）。

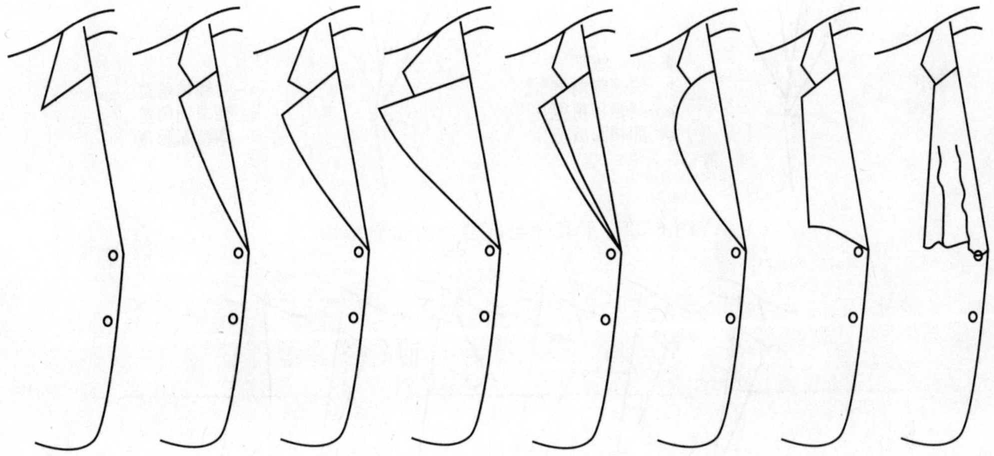

图 6-49　驳领造型的变化

**4. 串口线位置与倾斜度的变化**

在翻驳点位置不变的情况下，随着串口线上下位置的变化，驳领和翻领的长短会产生相向的变化，随着串口线倾斜度的变化，驳领的造型也会变化（图 6-50、图 6-51）。

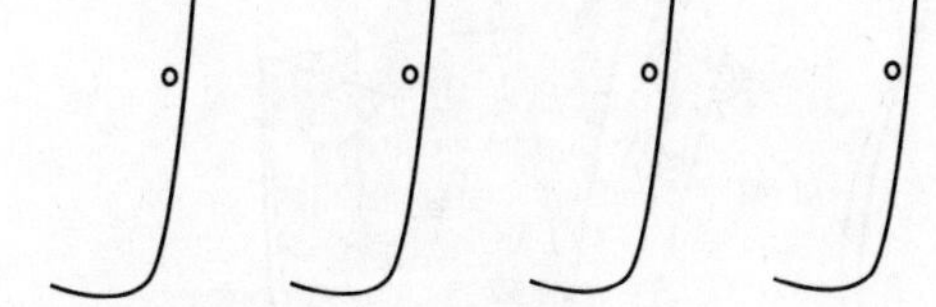

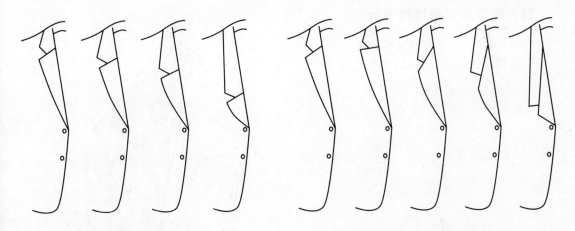

图 6-50　串口线位置的变化

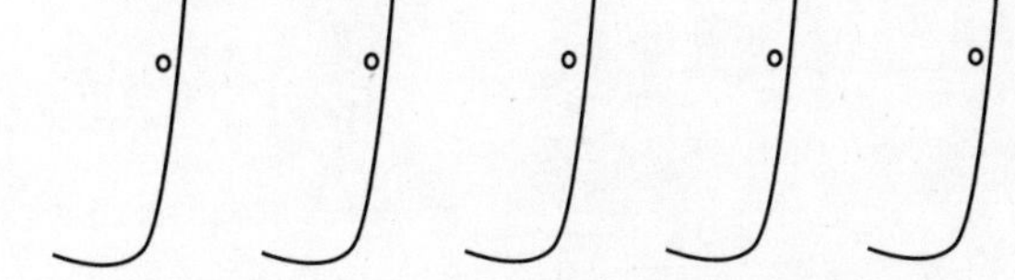

图 6-51　串口线倾斜度的变化

**5. 领嘴的变化**

翻驳领的领嘴常见的有平驳领与戗驳领两种，平驳领的典型领嘴为八字领嘴，领缺嘴夹角 = 60°～90°，各尺寸配比：◎＞○＞△＞□；戗驳领的角 $\alpha \geqslant$ 角 $\beta$，各尺寸配比：□≈△：○ = 2：3（图 6-52）。

此外，领缺嘴夹角还可变化为＞90°或＜60°，甚至领缺嘴夹角 = 0°如青果领等领型（图 6-53）。

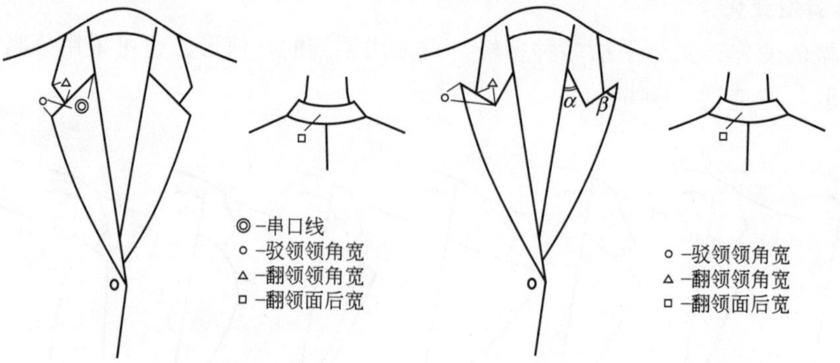


图 6-52　平驳领与戗驳领的领嘴结构

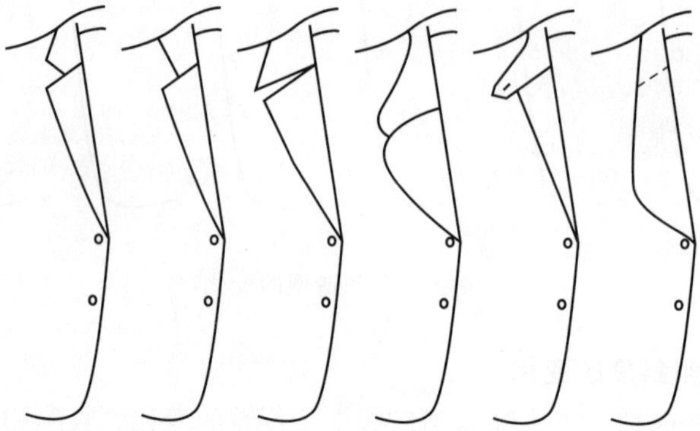

图 6-53　领嘴的变化

## 四、典型翻驳领结构设计

### （一）例款一：平驳领结构设计

平驳领款式与结构见图 6-54。

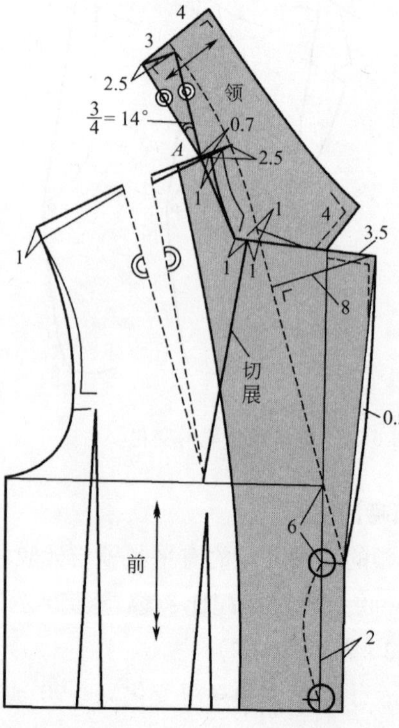

图 6-54　平驳领的款式与结构设计

**1. 款式特点**

翻驳止点居胸下的单排扣平驳领，是典型的西服领之一。

**2. 结构要点**

① 原型做合体服胸省分解转移，侧颈点沿肩线偏进 1cm（横开领加大 1cm），再偏进 0.7cm 为 *A* 点，然后延伸侧领座宽 = 2.3cm，即翻折基点，叠门宽 = 2cm，在胸围线下 6cm 的门襟线上定翻驳止点，连接翻折基点，画翻折线。

② 过翻折线与基领口弧相交下 1cm 点画领口弧切线为串口线，驳领宽 = 8cm，绘制驳领形状，并在串口线偏进 3.5cm，画领嘴角≈60°，翻领领角宽 = 4cm。

③ 过 *A* 点画翻折线的平行线 = 后领口弧线长 = ○，倾倒角 = 3 ÷ 4 = 14°（或倾倒量 = 2.5cm），画后翻领底线 = ○，继而画后翻领并连接翻领领角。

（二）例款二：戗驳领结构设计

戗驳领款式与结构如图 6-55 所示。

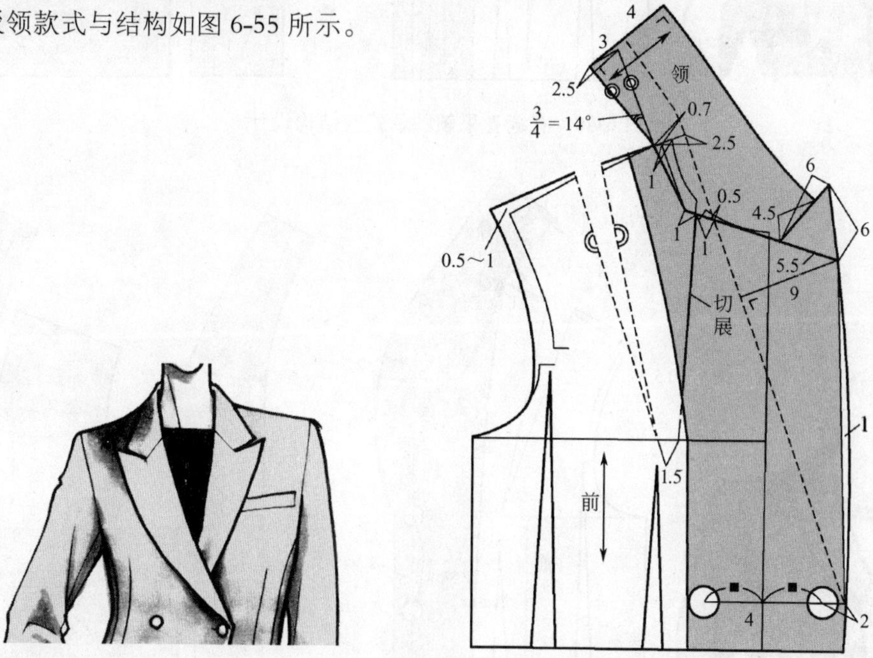


图 6-55　戗驳领的款式与结构设计

**1. 款式特点**

翻驳止点位于腰上的双排扣戗驳领，是典型的西服领之一。

**2. 结构要点**

① 与平驳领定翻折基点相同，叠门宽 = 8cm，腰围线上 4cm 的门襟线上定翻驳点，连接翻折基点，画翻折线。

② 过翻折线与基领口弧相交下 0.5cm 点，画领口弧切线为串口线，驳领宽 = 9cm，戗驳角宽 6cm，翻领领角宽 = 4.5cm，绘制驳领形状。

③ 绘制翻领，其方法与平驳领结构方法相同。

(三)例款三:青果领结构设计

青果领分有缝青果领与无缝青果领两种。其款式与结构如图 6-56、图 6-57 所示。

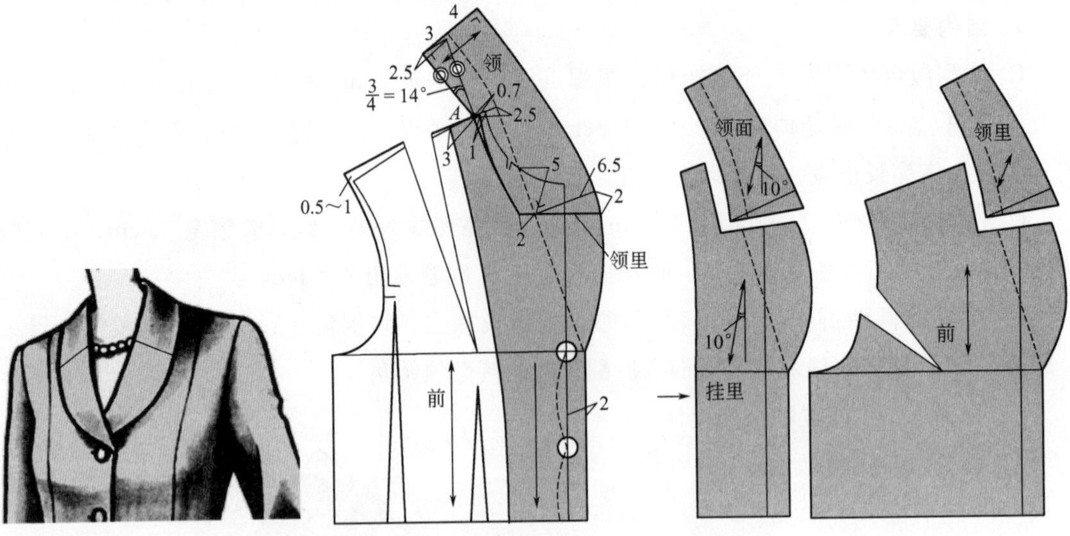


图 6-56 有缝青果领的款式与结构设计

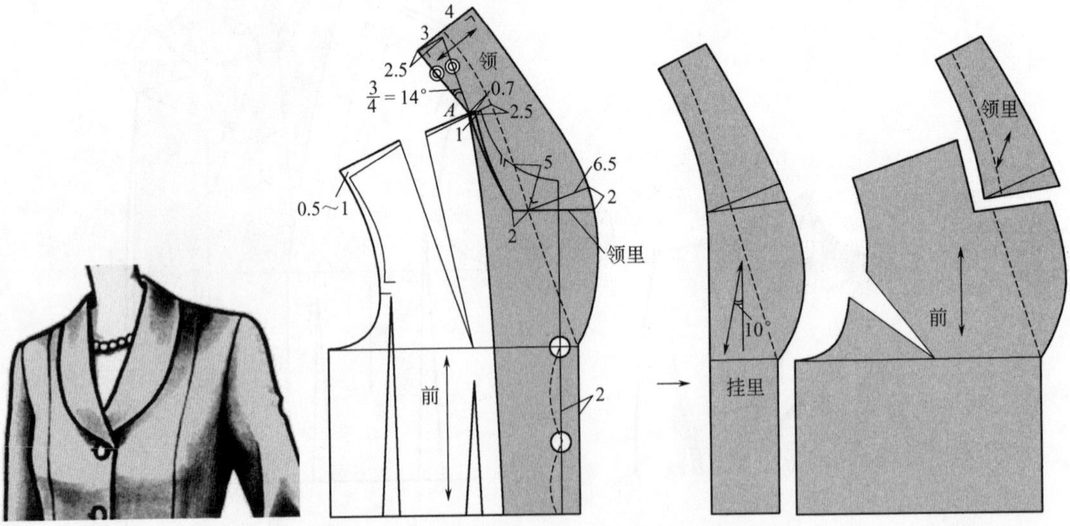


图 6-57 无缝青果领的款式与结构设计

**1. 款式特点**

翻驳止点位于胸围线，单排扣，翻驳领形如青果，故称青果领。

**2. 结构要点**

① 同平驳领定翻折基点，叠门宽 = 2cm，在门襟线上胸线位定翻驳点，连接翻折基点，画翻折线。

② 过翻折线与基领口弧相交下 5cm 点画水平线为串口线，驳领宽 = 6. 5cm，绘制无领嘴青果形的驳领形状。

③ 过 *A* 点画翻折线的平行线 = 后领口弧线长 = ◎，倾倒角 = 3 ÷ 4 = 14°（或倾倒量 = 2. 5cm），画后翻领底线 = ◎，继而画后翻领并连接翻领领角。

④ 青果领在驳头处存在接缝与无缝两种状态。当青果领有接缝时，挂面取从肩线 3cm

处至衣底摆的驳头与门襟线的相似形；当青果领无缝时，挂面是翻领片连前衣片的驳头与门襟至衣底摆的相似形。

## 第七节　特殊领型结构设计

除了上述介绍的常用领之外，还有一些领子，由于结构特征不明确或采用多种结构法，如帽领、垂褶领、波浪领、飘带领等，归为特殊领型。

### 一、帽领结构设计

帽领也叫连身帽，既可以作为装饰，又可以保暖挡风，是帽子与衣片共同组成的一特种殊领型，有各种不同的款式和造型。连身帽与衣片领围线的结合方式有两种，一种是帽子与衣片领围线缝合，另一种是帽子通过纽扣装于领口上，从而可以方便脱卸。根据组成帽身的片数可分为两片式帽领和三片式帽领，根据帽身造型可分为宽松式帽领和合体式帽领。

帽领结构设计两要素是帽身长、帽宽。帽身长指从左侧颈点起，经头顶点至右侧颈点止的间距，一般连身帽长 = 基本帽长 + 松量 = 60 + 6 = 66cm。帽宽指经人体眉间点、头后凸点围量一周的头围。由于帽不必包覆人体的脸部，故帽宽 = 头围 /2 − (2～3) = 56 /2 − (2～3) = 25～26cm。

（一）例款一：两片式帽领结构设计

两片式帽领的款式与结构见图 6-58。

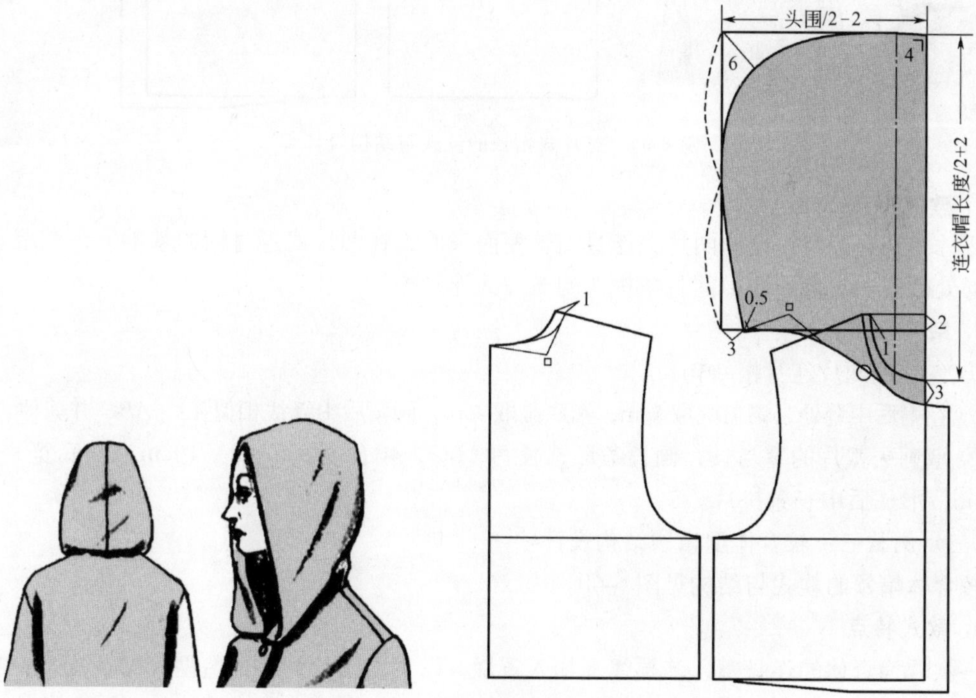


图 6-58　两片式帽领的款式与结构设计

**1. 款式特点**

松量适中，根据侧视的头部形状，为后中接缝的左右两片式的基本款圆顶连身帽。

**2. 结构要点**

① 衣身横开领加大 1cm，前直开领下落 3cm，画新后领弧 = □，前领弧 = ○。

② 前衣身侧领点垂直下移 2cm 画水平线，此水平线与前中线为基线，画长方形框，

长 = 连身帽长 /2 + 2 = 66 /2 + 2 = 35cm，宽 = 头围 /2 − 2 = 26cm。

③ 水平线与前领深间画帽领底弧线 = 前领弧 + 后领弧 = ○ + □。

④ 根据头后凸形画帽领后中接缝线，圆弧量 = 6cm。

（二）例款二：三片式帽领结构设计

三片式帽领的款式与结构见图 6-59。

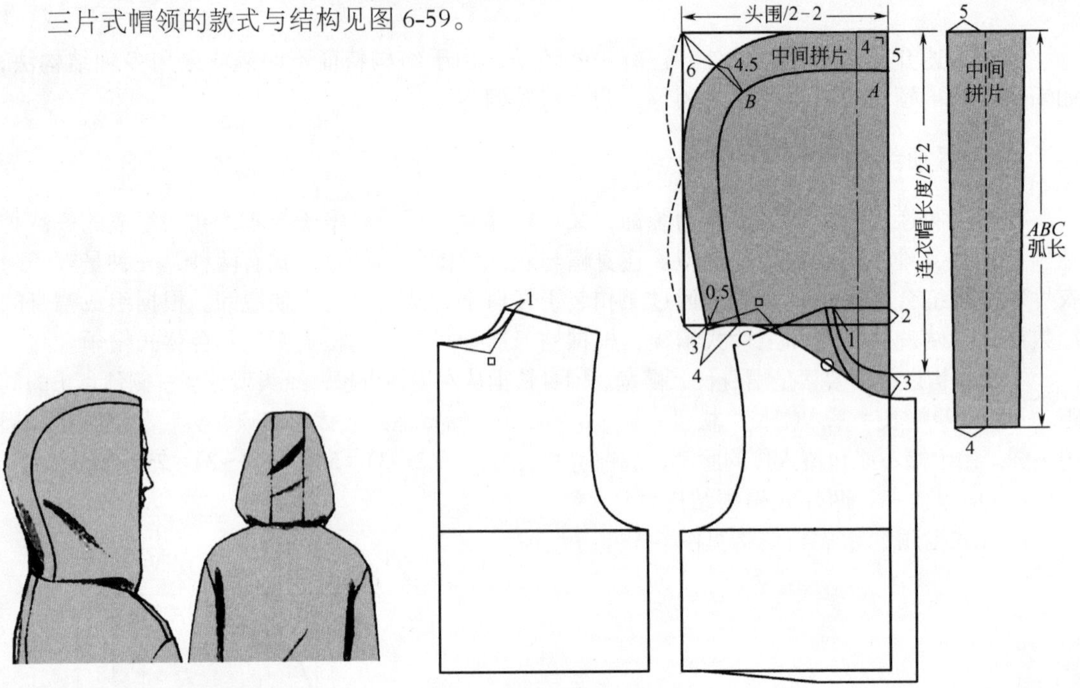


图 6-59　三片式帽领的款式与结构设计

**1. 款式特点**

三片式圆顶连身帽是由两片式连身帽转变而来的，在两片式连身帽的基础上，在帽子的后中心处截取一定量形成中间长条拼片的三片式连身帽。

**2. 结构要点**

① 先绘制两片连身帽结构。

② 在帽后中缝处，帽顶截取 5cm，帽底截取 4cm，画帽后中缝线相似弧线 *ABC* 并剪掉。

③ 取剪去裁片的宽与长，画长条形，长 = *ABC*，帽顶宽 = 5 × 2 = 10cm，帽底宽 = 4 × 2 = 8cm，形成后中长条拼片。

（三）例款三：较合体型帽领结构设计

较合体帽领的款式与结构见图 6-60。

**1. 款式特点**

一款较为合体的连身帽，装领线上加入省量，以突出帽身的立体造型，帽长变短，帽前缘前倾，合体，帽身舒适，不宜滑落。

**2. 结构要点**

① 基本结构方法相似二片连身帽结构，因追求合体性，帽长变短 = 连身帽长 /2 − 3 = 33 − 3 = 30cm，帽领底弧线 = 前领弧 + 后领弧 + 省量 = ○ + □ + 1. 5。

② 为了满足头围尺寸的需要，需对圆顶进行切展处理，各切展量 = 3cm，这样既保证了整个帽前缘的前倾合体，又确保了整个帽身舒适，不易滑落。

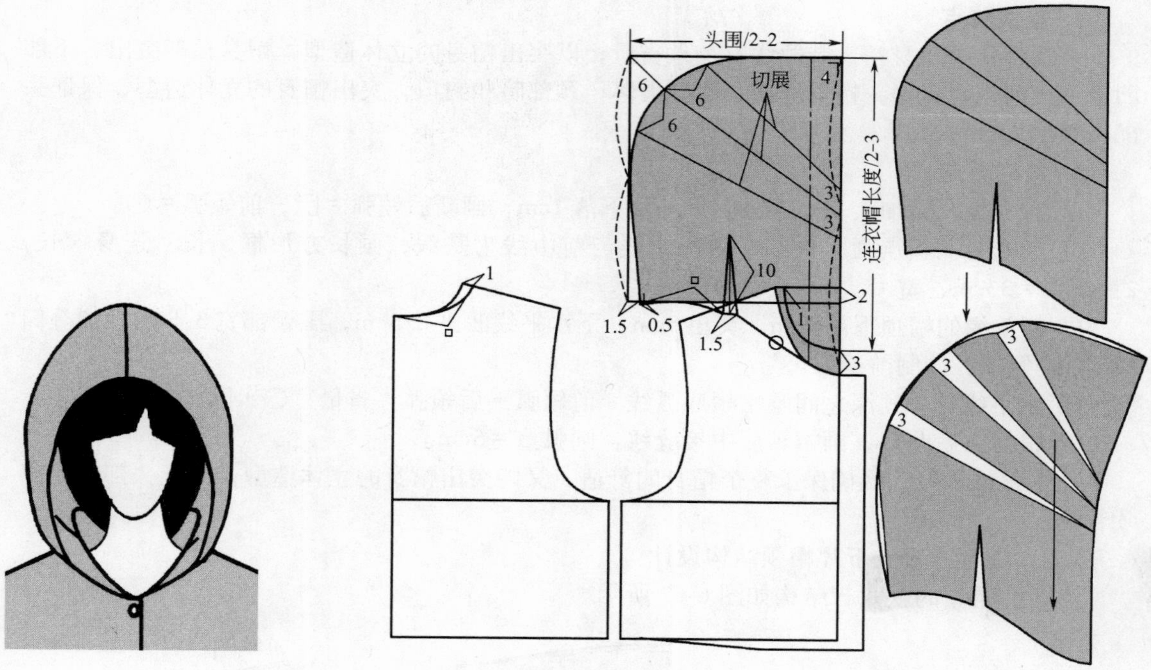


图 6-60　较合体型帽领款式与结构设计

（四）例款四：合体型帽领结构设计

合体型帽领的款式与结构见图 6-61。

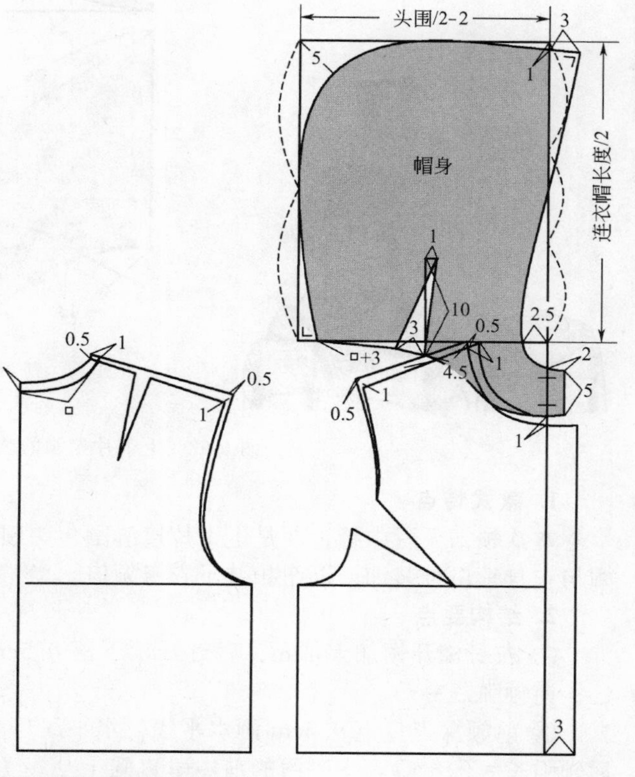

图 6-61　合体型帽领的款式与结构设计

**1. 款式特点**

一款合体的连身帽，装领线上加入省量，以突出帽身的立体造型，帽身顶部突出、下部凹进形成前倾合体形，帽身舒适，不宜滑落，颈部暗扣封口，突出帽身的立体造型，保证头部与颈部均合体。

**2. 结构要点**

① 衣身横开领加大 1cm，前后直开领下落 1cm，画新后领弧 = □，前领弧 = ○。

② 前衣身侧领点画水平线，此水平线与前中线为基线，画长方形框，长 = 连身帽长 / 2 = 66 /2 = 33cm，宽 = 头围 /2 − 2 = 26cm。

③ 帽前缘的帽顶下落 1cm、突出 3cm，下水平线凹进 2. 5cm，围颈部宽 3. 5cm，加叠门 2cm，画帽领，绘制前缘弧。

④ 水平线与前领深之间画帽领底弧线 = 前领弧 + 后领弧 + 省量 = ○ + □ + 3。

⑤ 根据头后凸形，画帽领后中接缝线，圆弧量 = 5cm。

此帽领结构设计既确保了整个帽身的舒适，又能突出帽身的立体造型，保证头部与颈部均合体。

**（五）例款五：上下片帽领结构设计**

上下片帽领的款式与结构如图 6-62 所示。

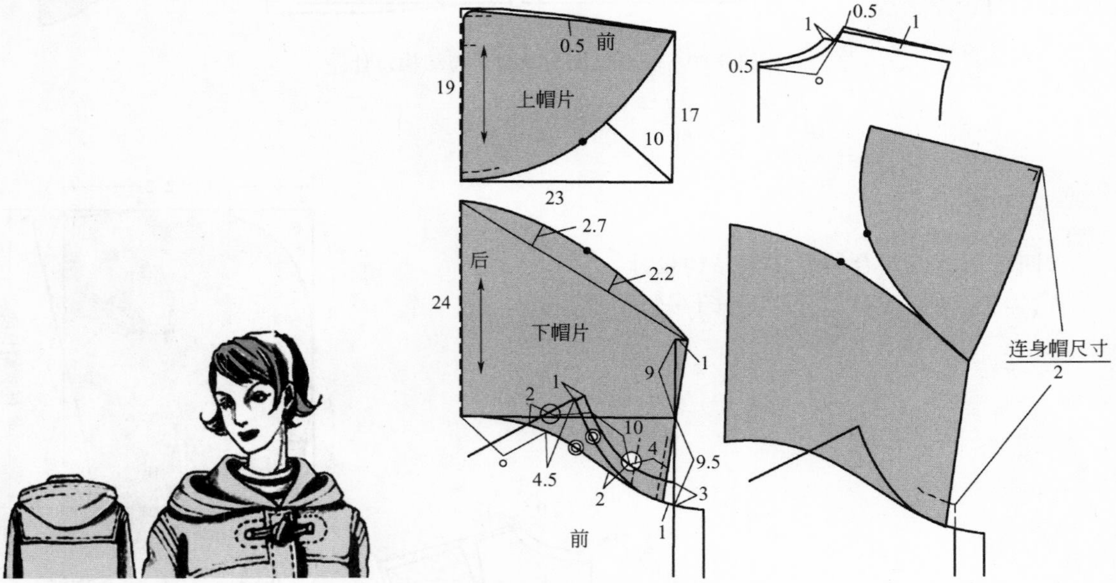


图 6-62 上下片帽领的款式与结构设计

**1. 款式特点**

本款领帽无后中缝，而是上下片接缝围包头颈部的较合体形的帽身，舒适不宜滑落，帽领与衣身领口可装卸，以纽扣装于衣身领口。

**2. 结构要点**

① 衣身横开领加大 1cm，后直开领下落 0. 5cm，前直开领下落 3cm，画新后领弧线 = ○，前领弧线 = ◎。

② 前领深点直上 9. 5cm 画水平线，水平线与前领深之间画帽领底弧线长 = 前领弧长 + 后领弧长 = ○ + ◎。水平线的前中垂直向上 9cm 并外倾 1cm 点与后中垂直向上 24cm 连线，连线三等分，各 1/3，凸 2. 7cm、2. 2cm 画凸弧长 = ●，另前领深内倾 1cm，完成下帽片

结构。

③ 宽 = 23cm，一边高 = 19cm，另一边高 = 17cm 画四边形，其中 23cm 与 17cm 边的 90°夹角画角平分线 = 10cm，并画凸弧长 = ●，形成上帽片。

④ 上帽与下帽的样片凸弧长 = 2×●，缝接就形成上下片帽领。

## 二、飘带领结构设计

### （一）例款一：蝴蝶结领结构设计

蝴蝶结领的款式与结构见图 6-63。

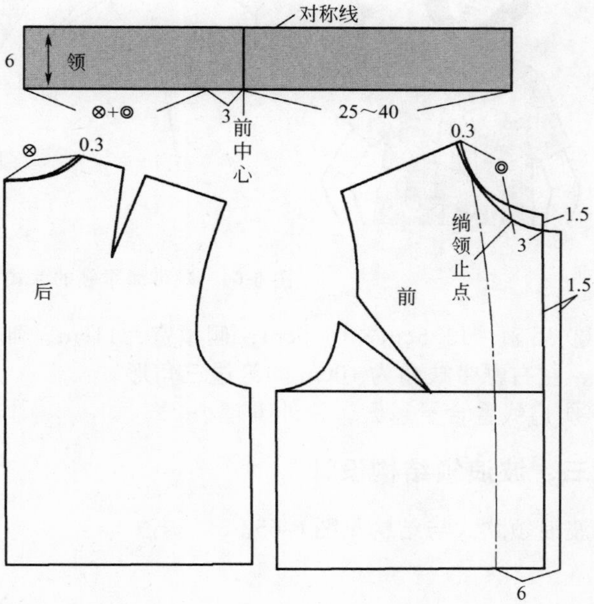


图 6-63　蝴蝶结领的款式与结构设计

**1. 款式特点**

领子呈长条、带状，扎结方法不同产生效果不同，可扎成蝴蝶结，也可像领带下垂的领子，领子采用不同纱向，视觉效果也不同。

**2. 结构要点**

① 衣身横开领加大 0.3～0.5cm，前直开领下落 1.5cm，画新后领弧长 = ○、前领弧长 = ◎。

② 根据前后领弧长及蝴蝶结长的需要画长条飘带领，长 = ○ + ◎ + (25～40)cm，宽 = 2×6cm。

### （二）例款二：飘带海军领结构设计

飘带海军领的款式与结构见图 6-64。

**1. 款式特点**

领片平摊在肩上，后呈方领形，前呈 V 领形，并加长扎结为飘带状。

**2. 结构要点**

① 横开领加大 1cm，前领深下落 8cm，追加 1.5 叠门量，修画新前、后衣领弧。

② 前、后侧颈点重叠，肩线叠合 1.5cm。后颈点、侧领点延出 0.5cm，修画领下口线。前领中上移 3cm 为扎结点，顺势延长约 36cm 为飘带长。

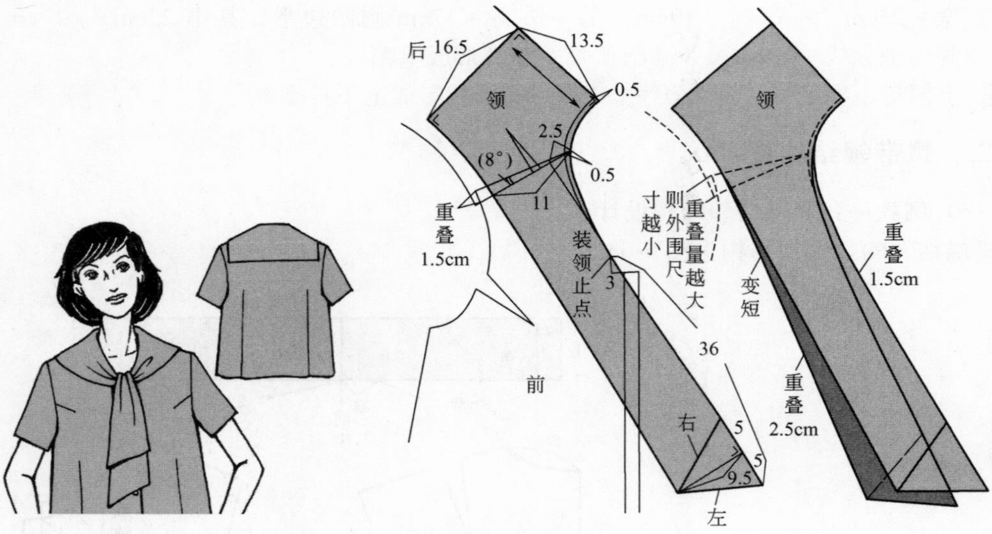


图 6-64 飘带海军领的款式与结构设计

③ 后领＝13.5cm×16.5cm，侧领宽＝11cm，画后方形领外口线，飘带宽＝9.5cm，画飘带，左右飘带缺角为 10cm 的等边三角形。

④ 肩线叠合量越大，领外围越小。

## 三、波浪领结构设计

波浪领款式与结构见图 6-65。

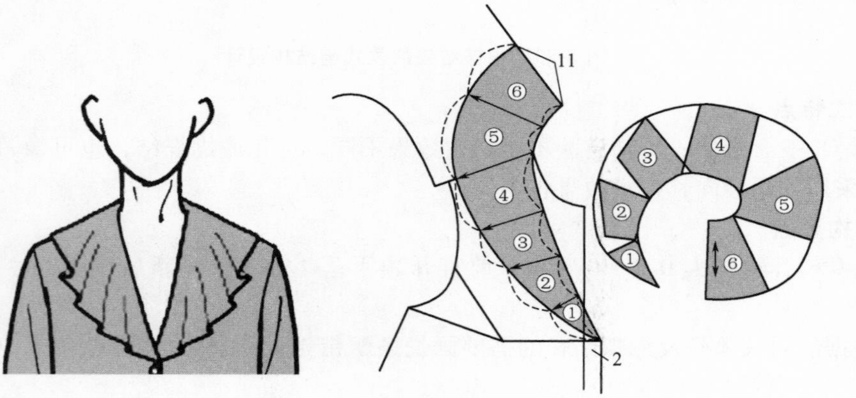


图 6-65 波浪领的款式与结构设计

**1. 款式特点**

基于 V 字形平领，领片平摊在肩上，拉展形成波浪褶。

**2. 结构要点**

① 前后肩线拼合，前领深下落至胸围线，追加 2cm 叠门量，修画新领弧线。

② 后领宽＝11cm，顺势修画领外口线至前领深点。

③ 将领片的下口线与外口线设等分切展线，后领部二等分，前领部四等分。

④ 将等分线剪开拉展领外口线。拉展量越大，波浪褶越明显。

## 四、垂褶领结构设计

垂褶领也叫罗马领，在前领口和前中心（或后领口和后中心）施加余量，自然垂坠形成垂褶效果的领型。常见有连身式垂褶领和衣领分离式垂褶领两种。

（一）例款一：衣领分离式垂褶领结构设计

衣领分离式垂褶领的款式与结构见图 6-66。

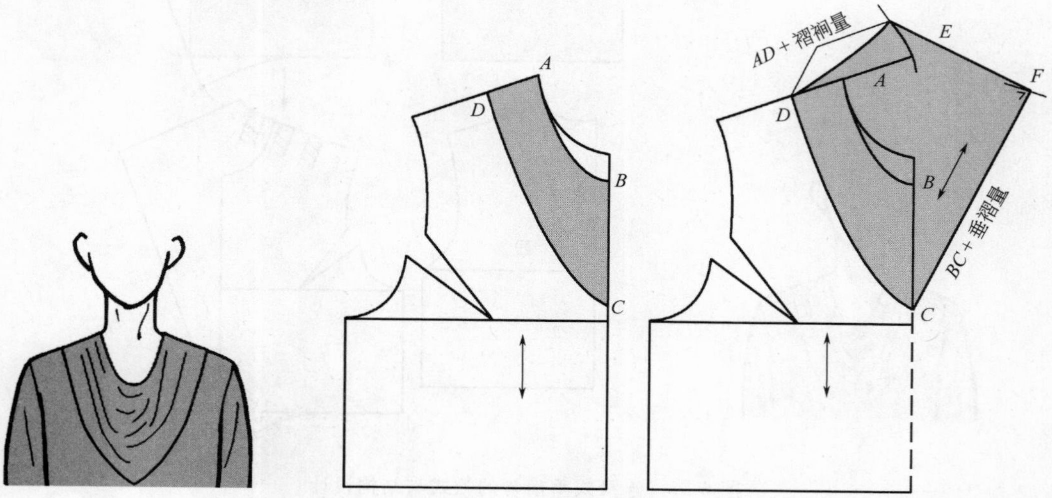


图 6-66 衣领分离式垂褶领的款式与结构设计

**1. 款式特点**

前衣身胸围不变，在前胸分割，并增加肩部和前胸褶量，形成自然垂坠褶衣领的领型。

**2. 结构要点**

① 在前衣身领设定垂褶领形 *ABCD*，*CD* 是衣领与衣身的分割弧线。

② 以 *C* 为圆心，*BC*＋垂褶量为半径画弧，以 *D* 点为圆心，*AD*＋垂褶量为半径画弧。

③ 在以 *D* 点画的圆弧上取 *E* 点，在以 *C* 点画的圆弧上取 *F* 点，且 *EF*＝前领口弧＝*AB* 弧，连接 *DE* 弧、*EF*、*FC*，且弧 $DE \perp EF$、$EF \perp FC$。

（二）例款二：连身式垂褶领结构设计

连身式垂褶领的款式与结构见图 6-67。

**1. 款式特点**

由衣身领口延出余量，在前领口和前中心形成自然垂坠褶效果的领型，同时前衣身胸围也会顺势增大。

**2. 结构要点**

① 在前衣身的肩线至前中心线上，靠近领口弧设计垂褶位弧线。

② 将各垂褶弧线剪开拉展，前中拉展量＞肩线拉展量。

③ 连接 *AB*、*BC* 线，并延长 *BC* 至 *D* 点，画 *DE* 弧，使 $AB \perp BD$、弧 $DE \perp BD$。

④ 肩线拉展量改为褶量。

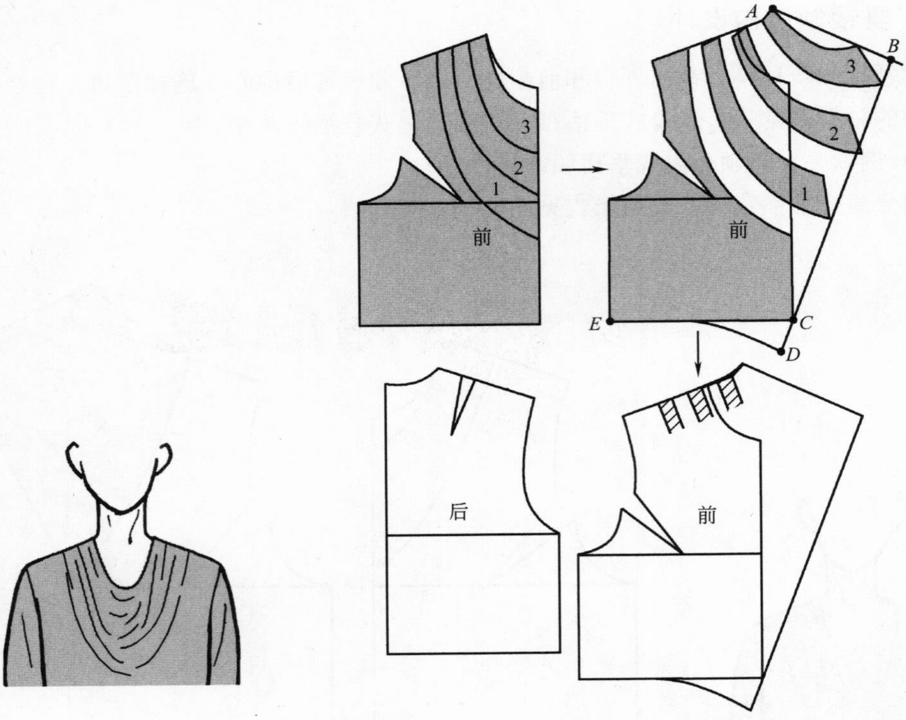


图 6-67 连身式垂褶领的款式与结构设计

## 思考与练习

一、思考题

1. 衣领有哪些种类？

2. 领口领结构设计的关键因素有哪些？

3. 立领有哪几种？影响立领结构设计的关键因素有哪些？这些因素对立领成型效果有哪些具体影响？

4. 平领分为哪几种？影响平领结构设计的关键因素有哪些？这些因素对平领成型效果有哪些具体影响？

5. 翻折领有哪几种？影响翻折领结构设计的关键因素有哪些？这些因素对翻折领成型效果有哪些具体影响？

6. 翻驳领与连体翻折领有何区别？结构上有哪些相似和不同？

二、练习题

1. 查阅资料，收集各种典型领子的不同结构设计方法？

2. 查阅资料，收集或设计 5 款领口领，并完成其结构设计。

3. 查阅资料，收集或设计 5 款平领，并完成其结构设计。

4. 查阅资料，收集或设计 5 款翻折领，并完成其结构设计。

5. 分别变化驳领的形状、翻领的形状、串口线的形态及领嘴形状，设计一组翻驳领（5 款以上），并完成结构设计。

6. 查阅资料，收集或设计各特殊领（帽领、飘带领、波浪领及垂褶领）1 款，并完成其结构设计。

7. 除教材上列举的特殊领型外，再收集或设计其他特殊领型 3～5 款，并完成其结构设计。

# 第七章

# 袖子结构原理

【学习目标】通过本章学习，了解衣袖造型的基础理论、袖子的分类、袖款的变化等内容，掌握袖子变化结构的方法与技巧。从而具有举一反三、灵活运用的能力，为后期的服装款式结构设计打好基础。

【能力设计】1. 充分理解与掌握衣袖结构原理及其变化结构设计原理。

2. 根据装袖、连身袖、插肩袖的款式变化，分别进行结构设计，掌握衣袖结构设计的制图能力。

衣袖是围包人体手臂部位的裁片，是服装的三大基本部件之一，在服装变化中处于十分重要的地位，衣袖的结构设计与衣身袖窿造型有着密切的关系，两者结构是否吻合，必须了解袖子与衣身袖窿的构成原理。且使袖子与人体手臂、衣身袖窿相吻合，其匹配技术是服装结构设计的一大难点。

## 第一节　袖子种类

常见衣袖可按照装接形式、袖长、袖片数、袖子形态进行分类。

### 一、按装接形式分类

按装接形式袖子分为装袖、连身袖与插肩袖（图 7-1）。装袖是袖片与衣身为独立裁片缝接，装袖是服装中最常用的袖子，又可分为圆装袖和落肩袖。

连身袖是衣身与袖身二合一，相连成一裁片，连身袖分别有蝙蝠袖、和服袖及插片连袖等形式。

插肩袖是衣身的肩部与袖片相连，又分为普通插肩袖、肩章袖、育克袖等形式。

### 二、按袖长分类

按袖长袖子分为无袖、短袖和长袖三类，其中短袖又根据实际袖长分为超短袖（盖肩袖）、三分袖、四分袖、中袖、七分袖等形式（图 7-2）。

### 三、按袖子片数分类

按袖子片数袖子分为一片袖和两片袖及多片袖。一片袖常见于宽松服装，结构较简单，

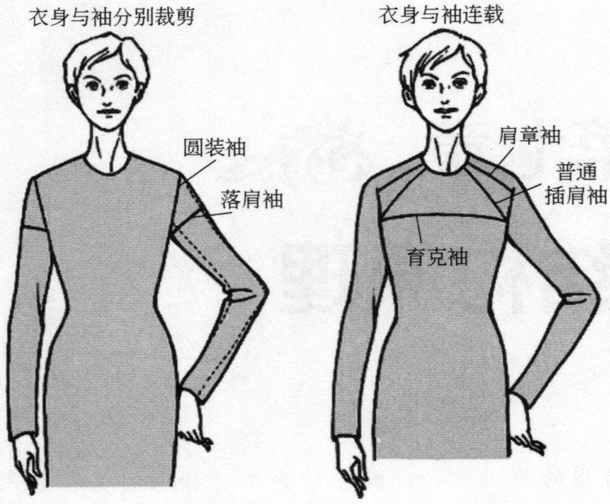


图 7-1　袖子的装接分类

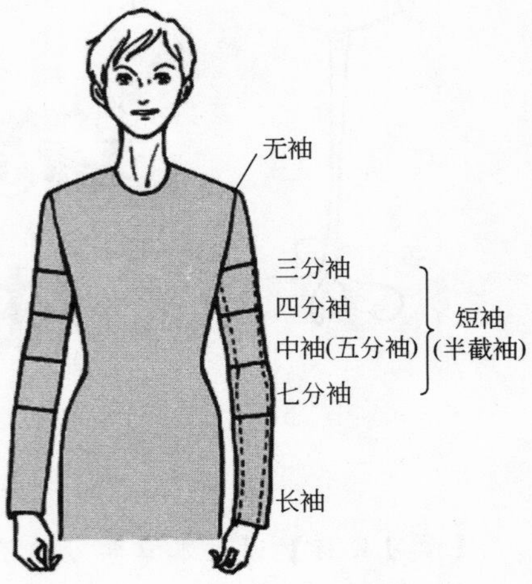


图 7-2　袖长分类

造型多为顺直型，采用肘省、袖省或袖衩产生袖弯，达到合体型。两片袖一般为合体袖，主要体现在袖弯的处理上，袖弯使袖子产生前倾的造型。

## 四、按袖子形态分类

袖子的形态花样繁多，常见的款式造型如图 7-3 所示。

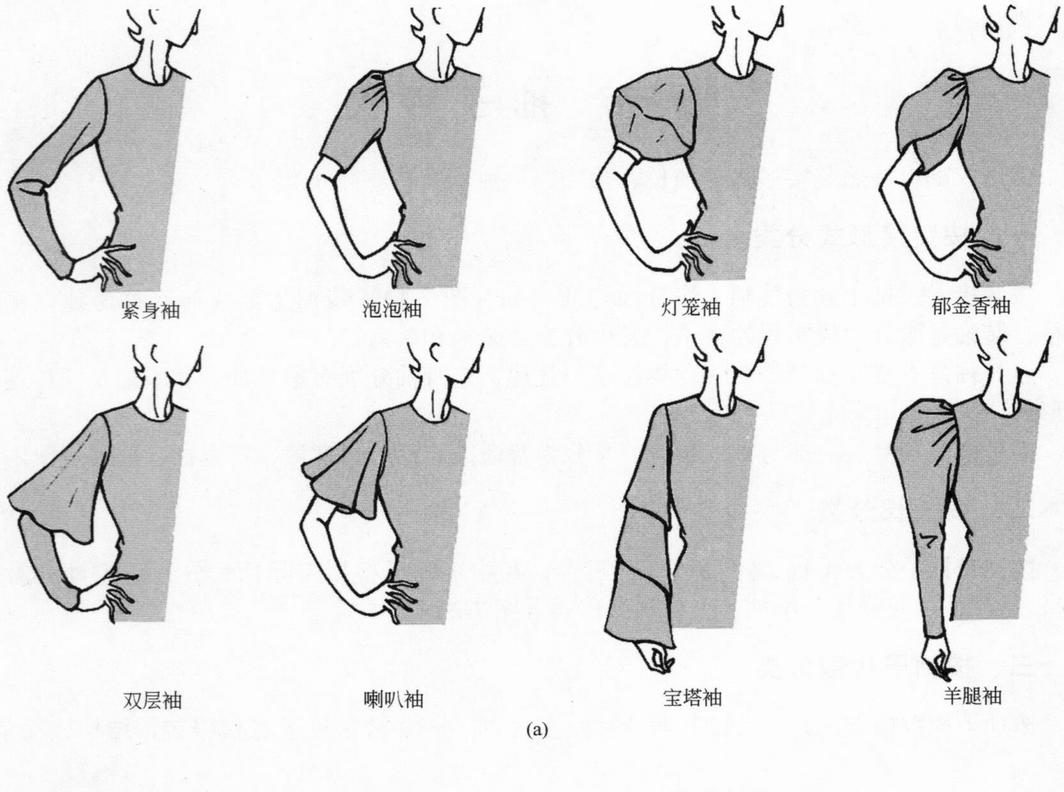


(a)

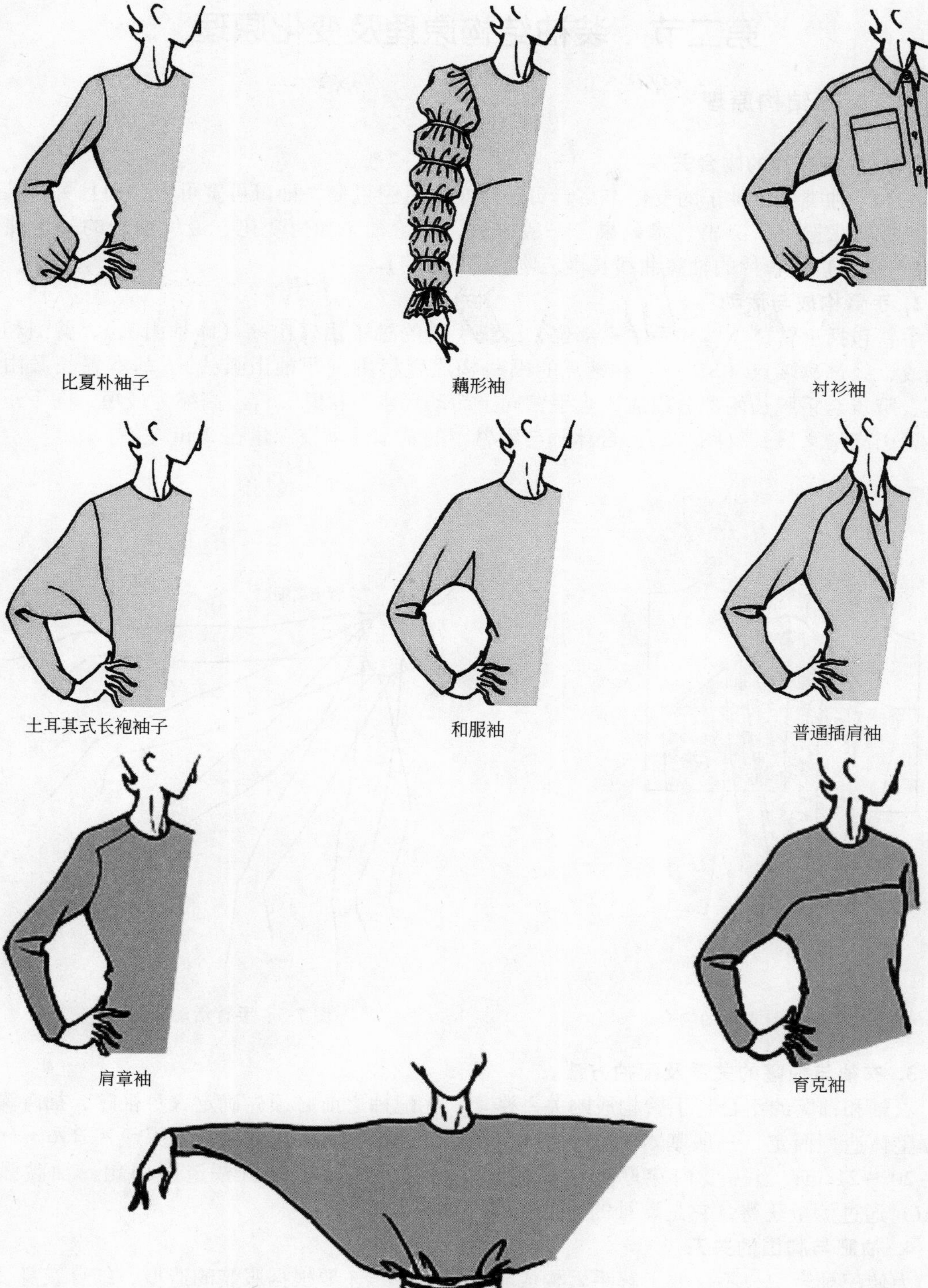
比夏朴袖子
藕形袖
衬衫袖
土耳其式长袍袖子
和服袖
普通插肩袖
肩章袖
育克袖
蝙蝠袖

(b)

图 7-3　袖款造型

# 第二节　装袖结构原理及变化原理

## 一、装袖结构原理

### 1. 袖片与衣片的吻合关系

从袖子种类可见袖子的变化丰富，可长可短，可肥可瘦，袖口可宽可窄，而且可对某些部位进行夸张造型，突出艺术效果。一般来讲，不论袖子如何变化，最终袖子的袖山曲线（除去省褶量）与衣片的袖窿曲线长度应吻合（图 7-4）。

### 2. 手臂构成与活动

手臂包括上臂、下臂和手掌三部位，围绕手臂的袖子由臂山高（即袖山高）、臂围和臂长构成，经过肩端点（*SP* 点）和腋点的围线构成臂根围（即袖山弧线），基本臂长又由臂山高、腋点至手腕长两部分组成，当手臂向上活动呈水平状时，臂山高缩为最短，向下垂直时，臂山高增之最长（图 7-5）。合体袖与手臂围的基本活动空隙量在 2cm 左右。

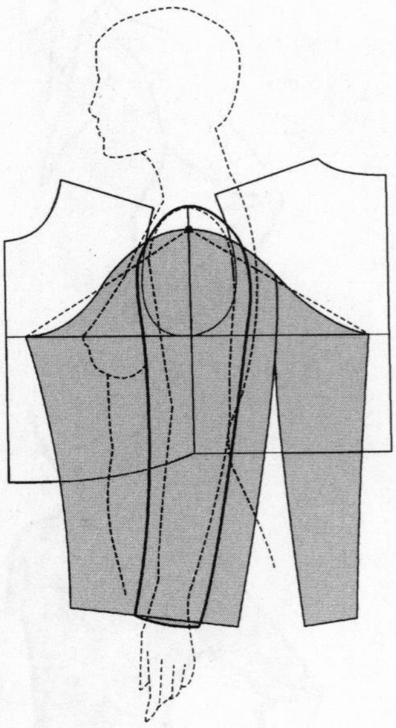

图 7-4　袖子与衣片的吻合

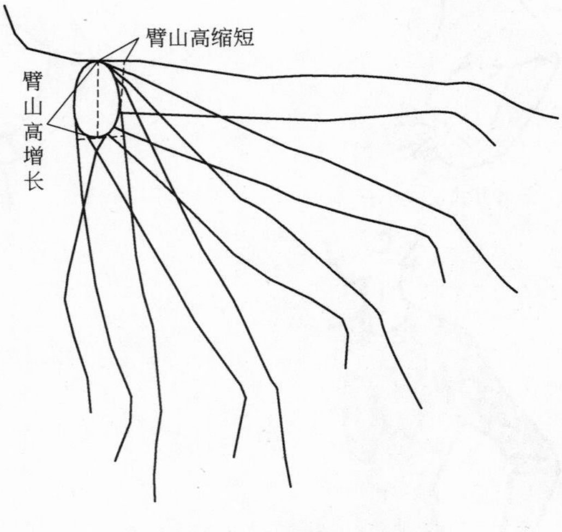


图 7-5　手臂活动状态

### 3. 衣袖与袖窿的关系及配袖方法

衣袖和袖窿的组合与手臂构成的关系密切，在配袖之前必须先确定衣身袖窿，袖窿深线根据整体造型而定，一般基本袖在腋根下 1～2cm，通常从侧颈点至袖窿深线 = $B/6+(6\sim7)=20\sim21$cm；当需要内穿厚衣或需要松量时应下落，下落量按造型而定。袖窿弧长（*AH*）通过测量获得，它是配袖的主要规格尺寸之一。

### 4. 袖肥与胸围的关系

为使配袖合理，不仅要了解手臂构成与活动规律，还要根据服装的造型、结合衣身设计袖子各部位规格，可以将袖肥和胸围视为两个柱体，袖肥是以臂围为依据加放一定的松量，松量的确定应考虑衣身放松量大小，使两者协调合理，因此袖肥规格应以胸围规格为基数构成（袖肥 = $B/5\pm$变量），不同的胸围放松量应选择不同的袖肥规格。袖肥的参考数值如下。

合体型胸围放松量 = 0～8cm，袖肥 = $B/5-(1.5\sim2)$cm

较合体型胸围放松量 = 10～14cm，袖肥 = $B/5-(1\sim1.5)$cm

较宽松型胸围放松量为 16～20cm，袖肥 = $B/5+(-1\sim0.5)$cm

宽松型胸围放松量大于 20cm，袖肥 = $B/5+(1\sim4)$cm

**5. 肩线与袖窿弧的形状**

在不考虑垫肩，根据服装宽松程度的造型下，肩线的倾斜度和长短与袖窿弧形状的对应关系如图 7-6 所示。当肩线较倾斜且不加长，则袖窿弧线弯弧显大，当肩线平直且加长，则袖窿弧线的弧度较平。可见，袖窿弧线弯弧有随肩线平直加长状而逐渐平直的趋势。

**6. 袖肥与袖山的反比关系及其袖型**

袖窿上 *AH* 是配袖的主要依据，袖肥与衣身又有密切的协调关系，因此当袖窿弧（*AH*）规格不变时，袖肥变窄，袖山增高，反之，袖肥变宽时，袖山降低（图 7-7）。袖山高、袖肥窄，则袖型修长合体；袖山低、袖肥大，则袖型宽松，便于运动。有时因造型的需要，不能在结构上过于增加袖肥，可以采用腋下三角结构，以补充袖子的运动松量。

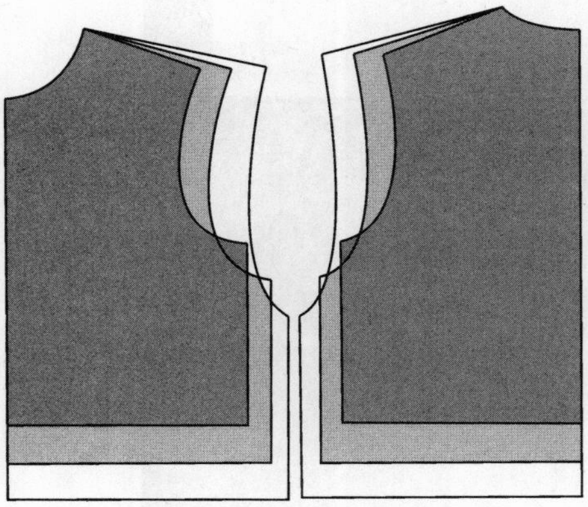

图 7-6　肩线与袖窿弧线

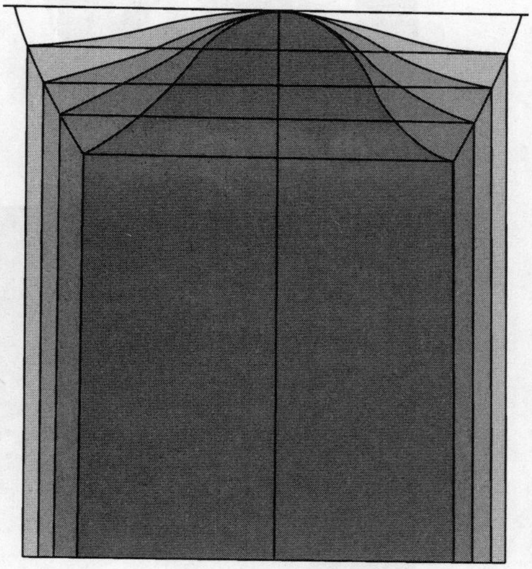

图 7-7　袖山与袖肥的反比关系

袖子的结构可因实际用途的不同进行调整。调整部位主要为袖山高和袖肥，结构处理不同会产生袖子形态上的差异，有的袖子内弯一些，有的外翻一些，有的与身体之间的角度大，有的角度小。不同的袖山弧线形状，形成了不同的袖型（图 7-8）。

**7. 袖山弧长与袖窿弧长的关系**

（1）袖山吃势量

装袖的袖山弧长与袖窿弧长存在着组合关系。为了袖山头饱满又圆顺，袖山头要增加吃势量，即袖山弧＞袖窿弧。配袖时，袖山斜线 = $AH/2$，则袖山弧长比袖窿弧长多 1～3cm，作为上袖缝接时的吃势量。两者的弧长关系还应根据不同的工艺方法来确定，如：装袖缝倒向袖子时，袖山斜线 = $AH/2$；装袖缝倒向衣身时，袖山斜线 = $AH/2-(0.5\sim1)$cm，使袖山弧长 = 袖窿弧长；西装袖需要增加吃势量，袖山斜线 = $AH/2+0.5$cm。

（2）吃势量分配（图 7-9）

$A-B^*=A-B+$(总吃势量)5%

$B^*-SP^*=B-SP+$(总吃势量)40%～45%

$SP^*-C^*=SP-C+$(总吃势量)30%～35%

$C^*-A*=C-A+$(总吃势量)15%～20%

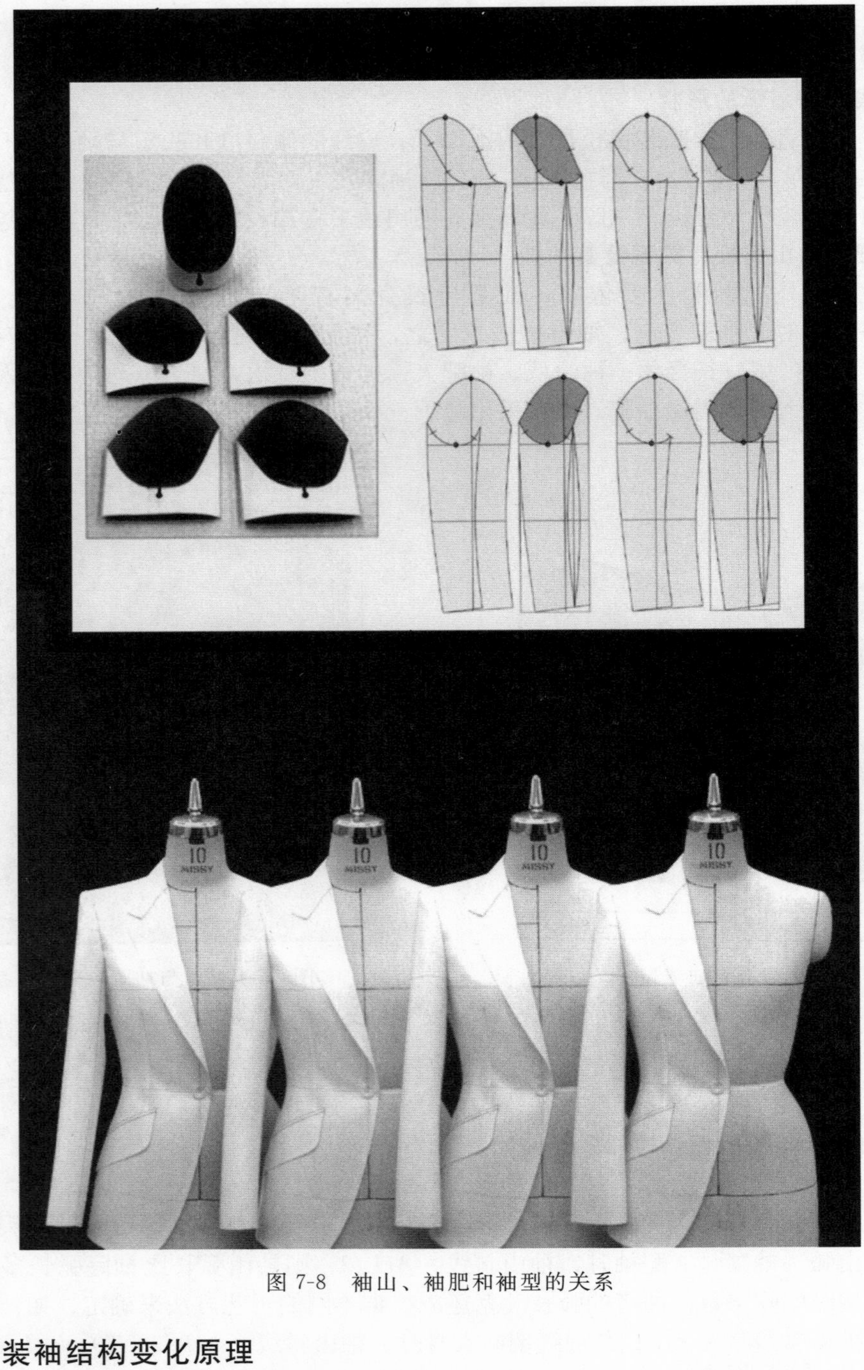


图 7-8 袖山、袖肥和袖型的关系

## 二、装袖结构变化原理

### （一）合体袖结构原理与结构制图

从人体侧面可见，手臂自然下垂时，略向前倾。则合体袖结构设计时，不仅袖山结构合体，而且袖身结构也需满足手臂的自然形态。袖子应与人体手臂的形态相对应，袖肘线对应手臂肘部，是袖子设计袖弯的主要参考位置，袖弯的变化形式多样，可在不同位置设省。常见有一片合体袖、两片合体袖。

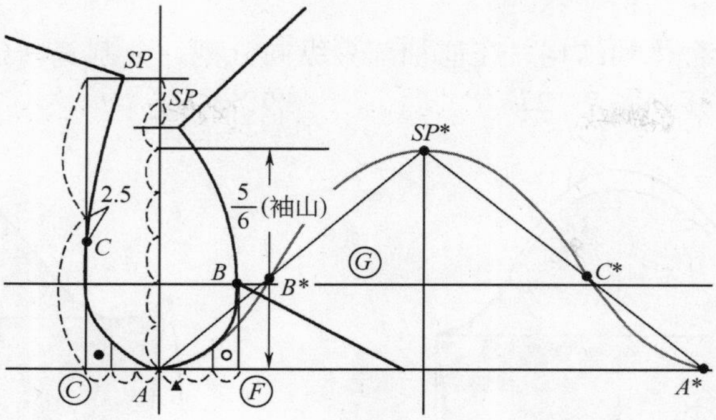


图 7-9　吃势量分配

**1. 一片合体袖结构**

一片合体袖是通过收肘省和后袖口省，将直筒袖身（袖原型）变为符合手臂自然弯曲的弯袖身型。

（1）一片肘省合体袖结构

如图 7-10 所示是一片肘省合体袖的结构图，其绘制步骤如下。

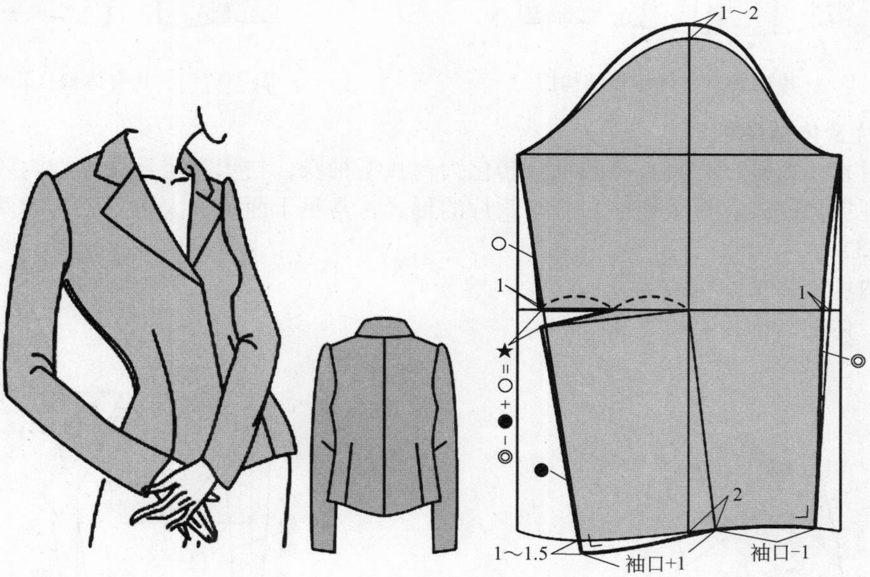


图 7-10　一片肘省合体袖结构图

① 基于袖原型将袖山顶点抬高 1～2cm，修画新袖山弧线。

② 肘线至袖口的袖中线，前斜偏 2cm。

③ 袖口宽 = 12cm，取前袖口 = 袖口宽 − 1 = 11cm，后袖口 = 袖口宽 + 1 = 13cm，并连接袖肥，画袖底缝。

④ 前袖底缝凹弧 1cm，后袖底缝凸弧 1cm，后袖口顺势延长 1～1.5cm，修画新袖口弧。

⑤ 肘省 = 后袖底缝长 − 前袖底缝长，即★ = ○ + ● − ◎。

（2）一片后袖口省合体袖结构

基于一片肘省合体袖结构，后肘线中点至后袖口线中点连线为后袖口省位线，将肘省合并转为后袖口省即可（图 7-11）。

(3) 一片合体袖变化结构

基于一片后袖口省合体袖结构，在前袖部分纵向分割，分割宽 = ∅，将∅量拼合到后袖底缝处，使袖缝向前位移（图 7-12）。

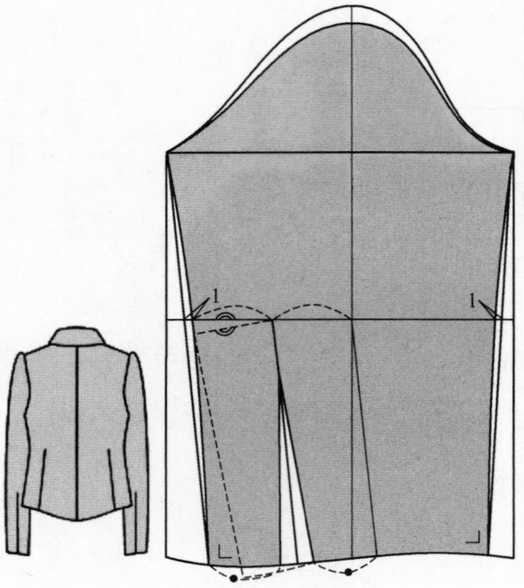


图 7-11　一片后袖口省合体袖结构图

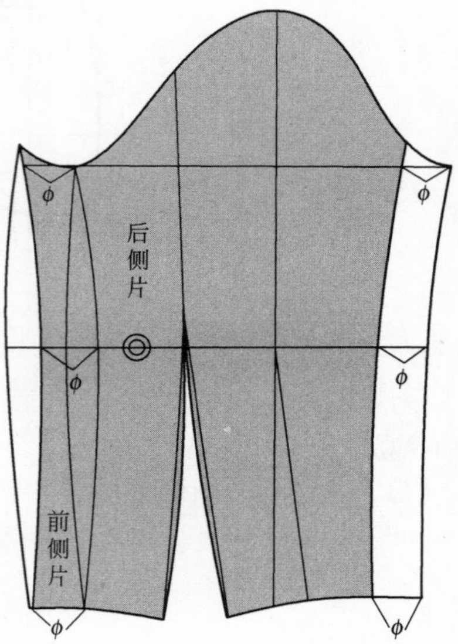


图 7-12　一片合体袖变化结构图

**2. 两片合体袖结构**

通过肘省、后袖口省将直筒型袖身转化为弯弧型袖身，初步满足合体袖型的要求。若需合体袖造型更加完美，可采取纵向分割裁片的形式，常见于西装、大衣等外套的两片合体袖中（图 7-13）。

(1) 两片合体袖结构线名称

两片合体袖结构线名称见图 7-14。

图 7-13　两片合体袖款式图

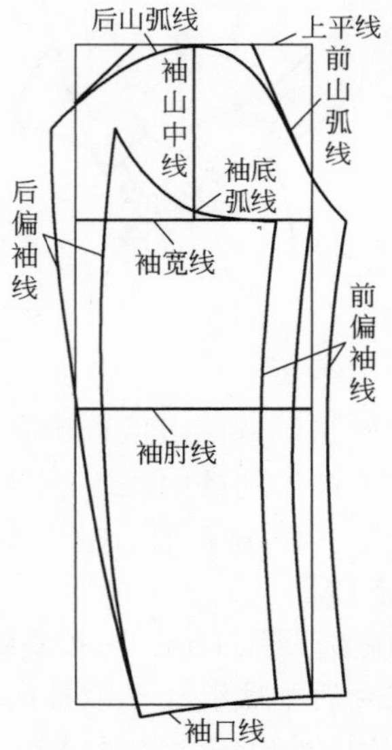


图 7-14　两片合体袖结构线名称

(2) 两片合体袖原型法结构

两片合体袖的原型结构见图 7-15，其绘制步骤如下。

① 基于一片合体袖结构，将前、后的袖肥、袖肘、袖口等分，纵向连线为前、后偏袖线［图 7-15(a)］。

② 方法一：沿前、后偏袖线内折，设定前偏袖量 = ○，后偏袖量 = ●，大（外）袖片增加○和●量，小（内）袖片减去○和●量［图 7-15(b)］。

③ 方法二：后袖肥处偏袖量 = ●，由上往下至后袖口处，偏袖量顺势消失［图 7-15(c)］。

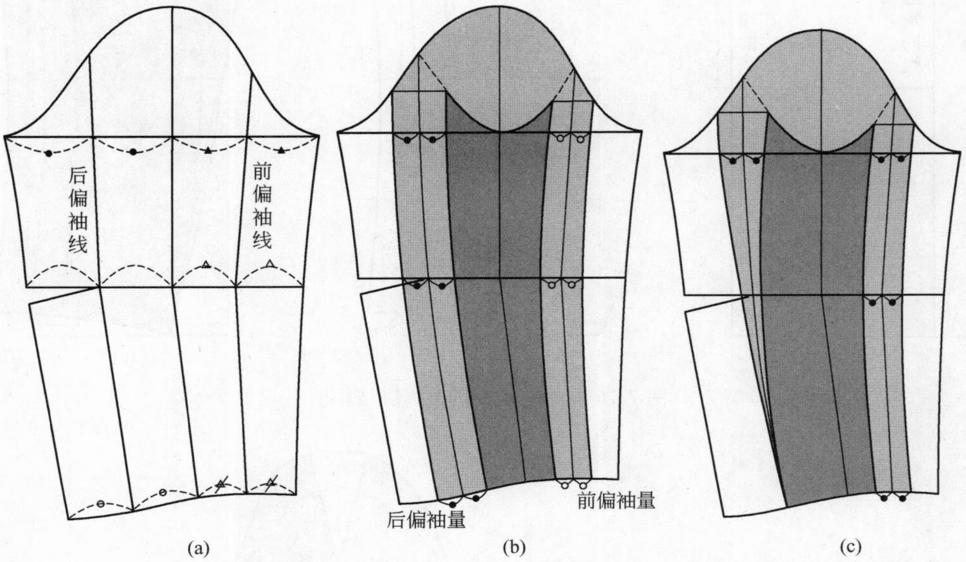


图 7-15　两片合体袖原型法结构图

（3）两片合体袖比例法结构

两片合体袖比例法结构制图见图 7-16，其绘制步骤如下。

① 根据已知袖长、袖窿弧长（$AH$），可求得：袖山斜长 = $AH/2$，袖山高 = $AH/3$，肘线位 = 袖长 /2 + 2.5，两片合体袖的长方形基础框架线如图 7-16(a) 所示。

② 上平线中点为袖山顶点，并四等分，前袖缝的袖山四等分，后袖缝的袖山三等分，前肘处凹弧 1.5cm，前袖偏量○ = 2～3cm，袖口大 = 11～13cm，前袖口上抬 0.8cm，后袖口下落 0.8cm，如图 7-16(b) 连线。

③ 后袖缝上面斜进 1cm，后袖偏量● = 1～2cm，由上往下至后袖口处，偏袖量顺势消失，如图 7-16(c) 所示。

（二）泡肩袖结构

**1. 例款一：皱缩泡肩袖结构**

皱缩泡肩袖的款式与结构图见图 7-17。

（1）款式特点

袖山头抽缩成碎褶，微微隆起。

（2）结构要点

① 基于袖原型，截取短袖长，袖口收进 1～3cm。

② 将袖山头的袖中线、袖肥线剪开拉展，拉展抬高 4cm 左右，连接修画新袖山弧线。

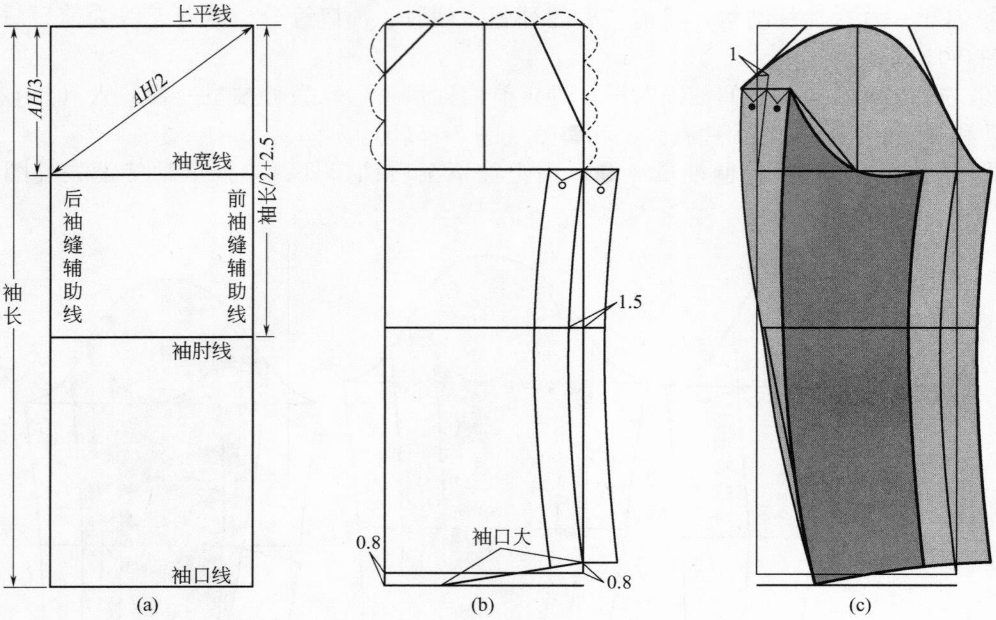


图 7-16　两片合体袖比例法结构图

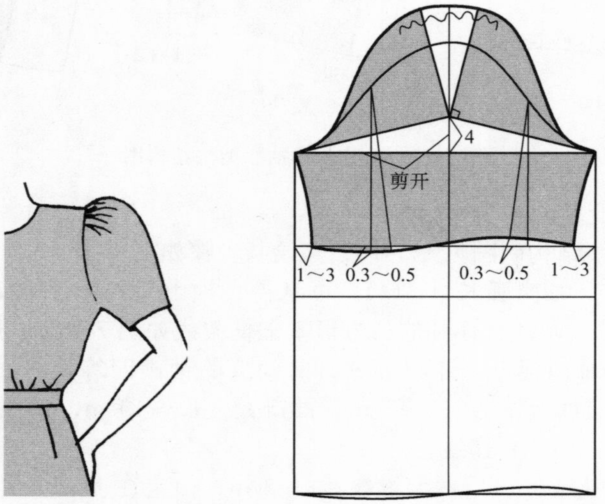


图 7-17　皱缩泡肩袖的款式与结构设计

**2. 例款二：褶裥泡肩袖结构**

褶裥泡肩袖的款式与结构见图 7-18。

（1）款式特点

袖山头设多个褶裥，高高隆起。

（2）结构要点

① 基于袖原型，截取短袖长，袖口收进 2～3cm，在凸势的袖山头等分设纵向剪展线。

② 将纵向剪展线剪开拉展，袖口不加量，袖山头拉展的褶裥量大小依次为 1. 5cm、2cm、2. 5cm、2. 5cm，并抬高 4cm 左右，连接修画新袖山弧线。

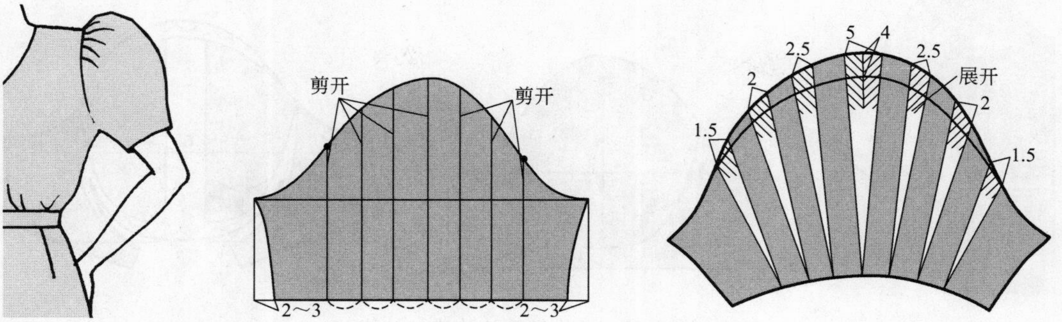


图 7-18 皱缩泡肩袖的款式与结构设计

（三）灯笼袖结构

**1. 例款一：灯笼袖结构**

灯笼袖的款式与结构见图 7-19。

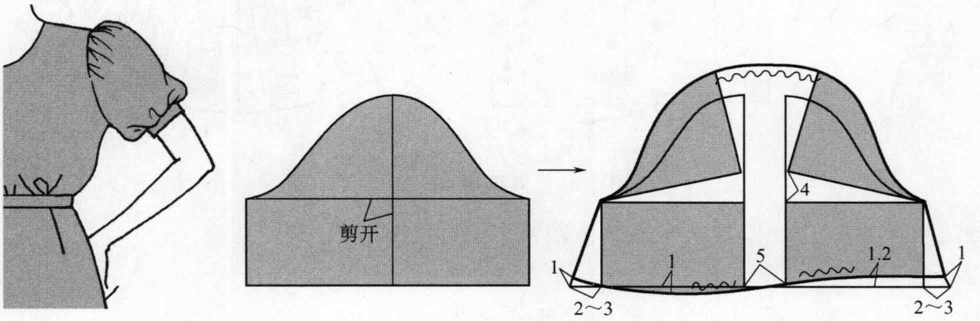


图 7-19 灯笼袖的款式与结构

（1）款式特点

袖山头皱褶隆起，又由袖头裁片收袖口，形似灯笼。

（2）结构要点

① 基于袖原型，截取短袖长，袖中线、袖肥线为剪展线。

② 将袖中线剪开拉展 5cm，袖肥线剪开拉展并抬高 4cm，袖口左右放大 2～3cm，连接修画新袖山弧线、袖口弧。

**2. 例款二：变化灯笼袖结构**

变化灯笼袖的款式与结构见图 7-20。

（1）款式特点

单片袖，袖山头皱褶隆起，袖口弧形省皱缩收小，形似灯笼。

（2）结构要点

① 基于袖原型，截取短袖长，袖口左右收进 2cm，根据款式设圆弧剪展线。

② 将袖中线剪开拉展 6～12cm，圆弧线剪开拉展 4～6cm，连接修画新袖山弧线、弧形省线。

（四）喇叭袖结构

喇叭袖的款式与结构见图 7-21。

（1）款式特点

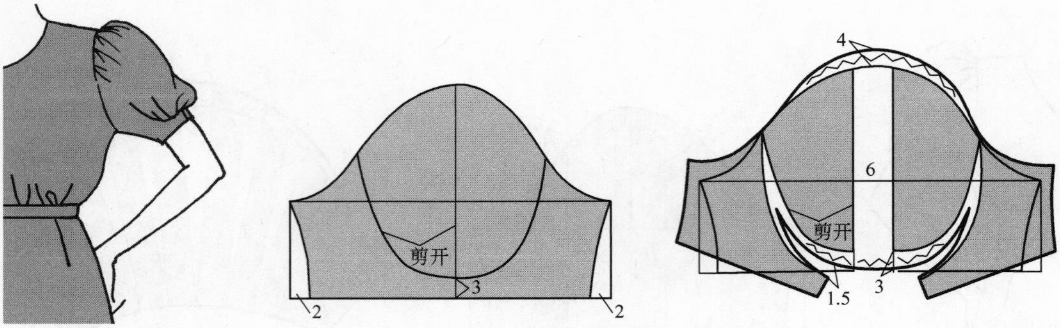


图 7-20 变化灯笼袖款式与结构

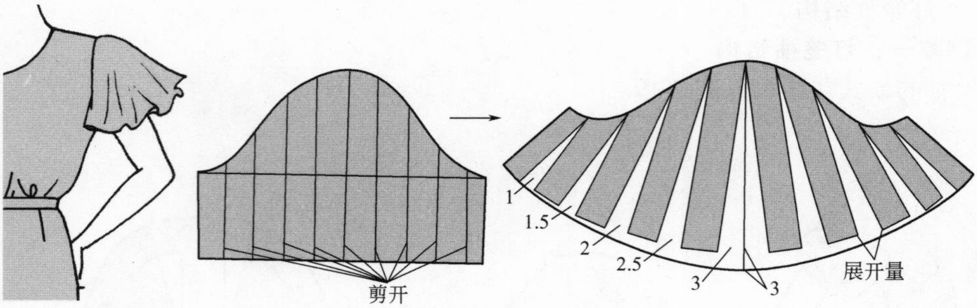


图 7-21 喇叭袖款式与结构

袖山头无皱缩，袖口加大垂挂呈波浪褶，造型似喇叭花。

(2) 结构要点

① 基于袖原型，截取短袖长，袖片等分设纵向剪展线。

② 剪开纵向剪展线单向拉展，袖山头不加量，袖口拉展的褶裥量大小依次为 1cm、1.5cm、2cm、2.5cm、3cm，并袖中的袖口追加 3cm 左右，连接修画新袖口弧线。

(五) 花瓣袖结构

花瓣袖的款式与结构见图 7-22。

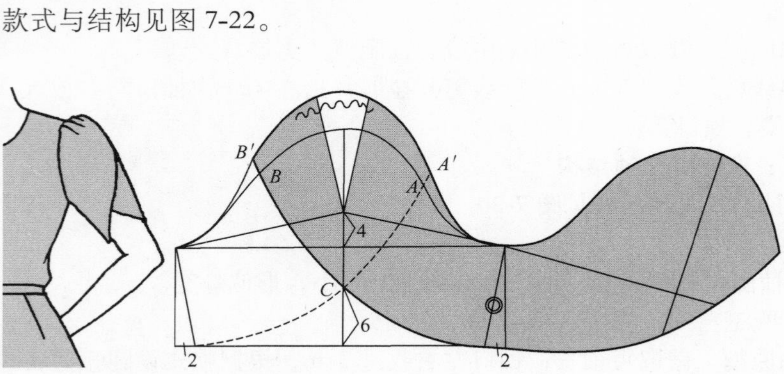


图 7-22 花瓣袖的款式与结构

(1) 款式特点

单裁袖片，袖山弧形交叠，且袖山头皱缩隆起，形似花瓣。

(2) 结构要点

① 基于袖原型，截取短袖长，袖口左右收进 2cm，袖山头的袖中线、袖肥线剪展并抬高 4cm。

② 设交叠弧形造型线，将右片型拷贝移出，袖底缝拼合，连接修画新袖片廓形线。

（六）气球袖结构

气球袖的款式与结构见图 7-23。

（1）款式特点

袖肥加大，袖山头无皱缩，袖口收小，形似气球［图 7-23(a)］。

（2）结构要点

① 基于袖原型，截取短袖长，袖口左右收进 2cm，袖片等分设纵向剪展线［图 7-23(b)］。

② 先将袖肥线剪开，分为上下两裁片［图 7-23(c)］。

③ 将上袖片的纵向等分线剪开，单向拉展，袖山头不加量，袖肥线各拉展量为 1～2cm，袖肥线的袖中处加长 3～4cm，再将下袖片的纵向各等分线剪开拉展，袖口不加量，使下袖肥线长 = 上袖肥线长［图 7-23(d)］。

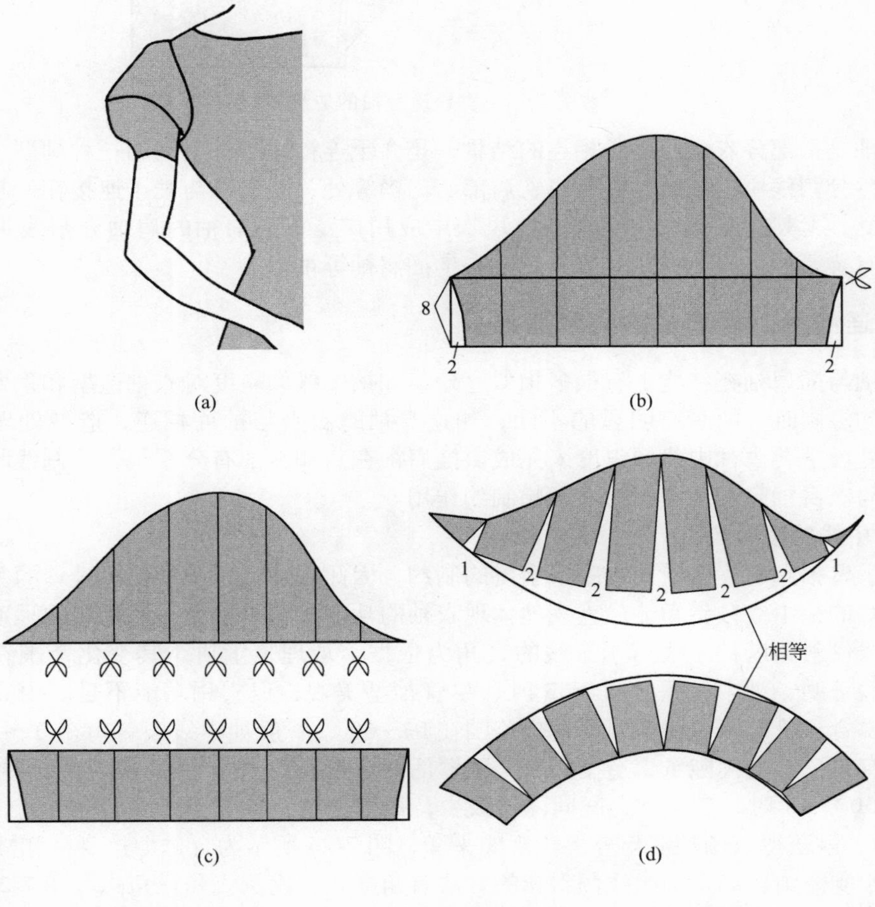


(a)　(b)　(c)　(d)

图 7-23　气球袖的款式与结构设计

# 第三节　连身袖与插肩袖结构原理

连身袖顾名思义，是指衣身和袖子相连成一片结构，即衣身与袖片没有拼接线的一种非常简单的裁剪方法。从历史上看，连身袖服装是人类最古老的服装，几千年来，我国传统服装一直保持着平面连身袖的造型方式，肩型平整圆顺，造型有袖根宽松肥大、袖口收紧的设计，也有筒形的合体设计，即有宽松连身袖与合体连身袖之分。宽松连身袖分别有中式的平连袖、西式的蝙蝠袖（图 7-24），合体连身袖是插片连袖，即和服袖。

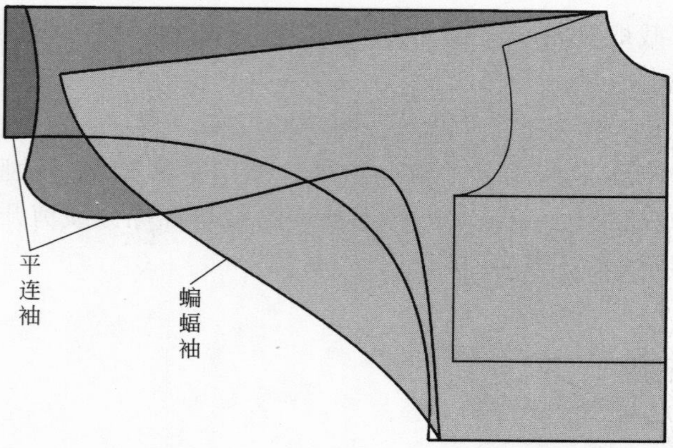


图 7-24　宽松连身袖的造型

插肩袖是指部分衣身和袖子相连的结构，是介于连袖和装袖之间的一种袖型。其结构特征是将袖窿分割线由肩头转移到领口、肩部、门襟等处，使肩部与袖子连接在一起，在服装中应用广泛，尤其在秋冬外套、大衣、风衣中应用广泛。插肩袖的肩袖分割线走向变化较多，分别有普通插肩袖、肩章袖、育克袖、半插肩袖等袖型。

## 一、连身袖、插肩袖结构原理

连身袖与插肩袖在结构上有很多相似之处，如袖中线倾斜度对衣袖造型和手臂运动的影响是相同的。同时，两者有明显的不同，如连身袖的衣身与袖片相连，造型处理简单、直观，功能处理主要由袖中线倾斜度来完成。插肩袖在肩和胸部有分割线，分割线既起到装饰作用，又与衣身袖窿弧线一起对衣袖起制约作用。

**1. 袖中线的倾斜角**

人体手臂抬起的程度受衣袖腋下余量的制约，因此功能性是衣袖结构设计的关键。连身袖、插肩袖的袖中线倾斜角能最直观地体现衣袖的功能，即着装后手臂抬起的程度。

袖中线倾斜角以袖中线与水平线的夹角为依据，从理论上讲，其变化范围在 0°～60°，但大量实践证明，袖中线倾斜角≥55°时，尽管袖型美观，但实用功能不足。由此，从造型和功能的综合评价，袖中线倾斜角变化范围在 0°～60°，一般袖中线倾斜角在 0°～20°时，衣与袖之间存在一定的间隙量，造型宽松，手臂活动自如，为宽松型连身袖和插肩袖；袖中线倾斜角在 30°～45°时，衣与袖之间间隙量极少，袖型合体，腋下需加活动裆布量（或衣袖交叠活动量），以获得衣袖功能与外形美观的平衡，图 7-25 所示为合体型连身袖和插肩袖。

在结构制图中，确定袖中线倾斜角的方法有角度式、比例式和三角式（图 7-26）。

（1）角度式　角度式是用量角器直接量取的方法。

（2）比例式　比例式是以肩端（*SP*）点画 15cm 水平线，过端点向下画 $x$ 垂线，以 $x$

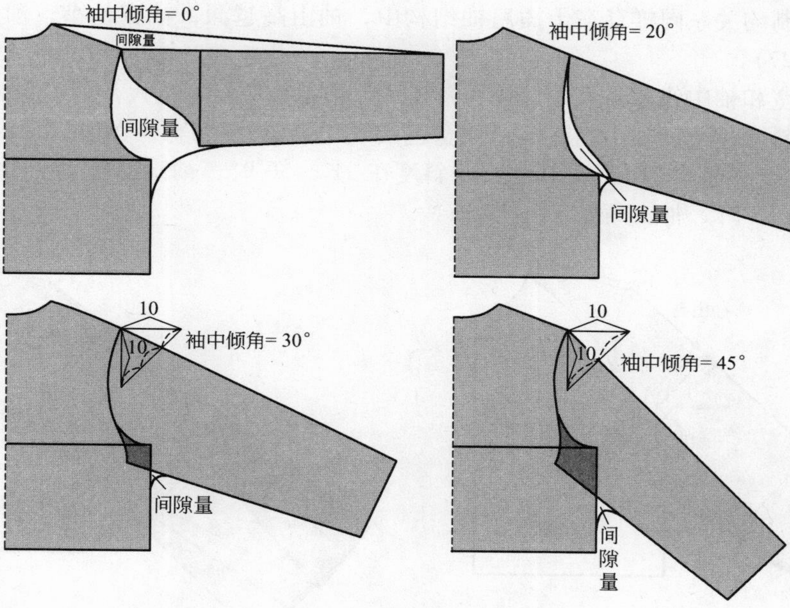


图 7-25　袖中线倾斜角的变化

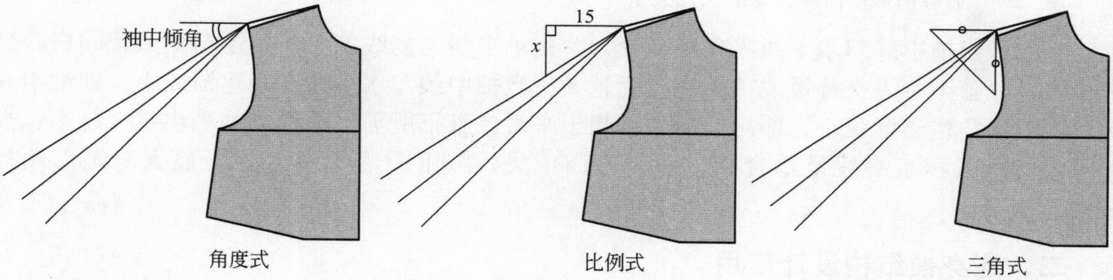


图 7-26　袖中线倾斜角结构制图的方法

垂线长来调整袖中线倾斜度（$x=0$～5.5cm 时，袖中线倾角在 0°～20°；$x=5.5$～9cm 时，袖中线倾角在 20°～30°；$x=9$～15cm 时，袖中线倾角在 30°～45°）。

（3）三角式　三角式是过肩端（*SP*）点，作直角边 = 10cm 的直角等腰三角形，其斜边 /3≈30°，斜边 /2 = 45°。

**2. 袖裆（或腋下活动量）结构分析**

合体连身袖影响结构变化的因素主要有两点，即袖斜度和袖裆（或腋下活动量）结构。前者决定了肩部造型的舒适合体性以及袖子整体造型的贴体度，后者决定了连身袖、插肩袖的活动机能。正如前面的分析，在腋下加入袖裆从而加长袖内侧长度，使腋下增加了活动的松度，满足了人体活动的需要。这两个因素形成有机的整体，互相制约。如何处理好两者的关系，在造型和功能上达到统一合理，是进行连身袖、插肩袖结构设计的关键。

连身袖、插肩袖结构设计必须注意以下三点。

（1）袖中线与水平线夹角一般在 0°～45°，避免袖裆或袖下余量过大而影响外观。

（2）腋下开缝的位置应具有隐蔽性，使袖裆遮在臂下。

（3）巧用衣身分割线，将袖裆（腋下活动量）包含在衣身与衣袖结构之中。

**3. 袖山高与袖宽**

在连身袖、插肩袖结构中，袖山高取值依然是结构设计的重点。与装袖结构一样，袖山高与袖宽的反比制约关系同样存在于插肩袖结构中，袖山高越深，袖宽越小；袖山高越浅，袖宽越大（图 7-27）。

袖山高、袖宽和袖中线倾斜度也存在紧密关系。袖中线倾斜度越大，袖山高越深，袖宽越小；袖中线倾斜度越小，袖山高越浅，袖宽越大（图 7-28）。结构制图时，袖中线倾斜度在 0°～20°时，袖山高在 0～10cm；袖中线倾斜度在 21°～30°时，袖山高在 10～14cm；袖中线倾斜度在 31°～45°时，袖山高在 14～17cm。

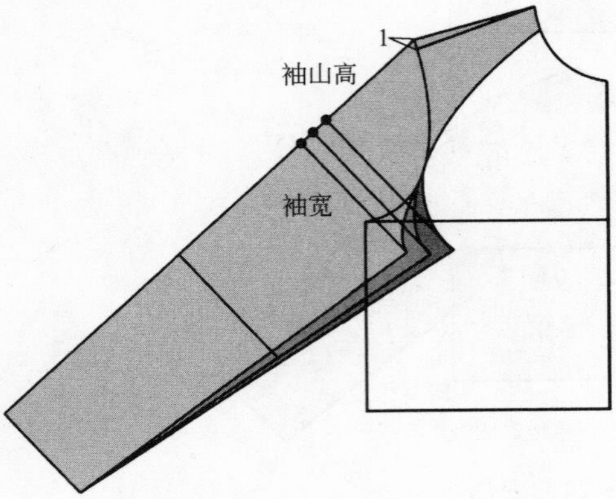


图 7-27 插肩袖袖山高与袖宽的反比关系

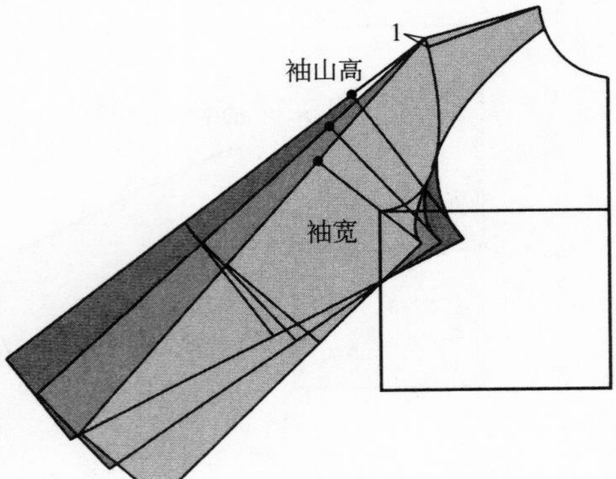


图 7-28 袖中线斜度与袖山高、袖宽的关系

总之，当袖中线与水平线夹角逐渐变大，则袖中线与肩线的夹角也逐渐变大，即肩凸越来越明显，腋下所需交叠量或袖裆也越变越大；当袖中线与水平线夹角逐渐变小，则袖中线与肩线的夹角也逐渐变小，即肩凸越来越趋于平缓，腋下所需交叠量或袖裆也越变越小；当袖中线与肩线和水平线呈重合状态时，肩凸消失，腋下的活动量达到了最大，无需袖裆设计。

## 二、连身袖结构设计应用

连身袖有无插角连身袖与合体插角连身袖之分。

### （一）无插角连身袖

**1. 例款一：蝙蝠袖结构**

蝙蝠袖的款式与结构见图 7-29。

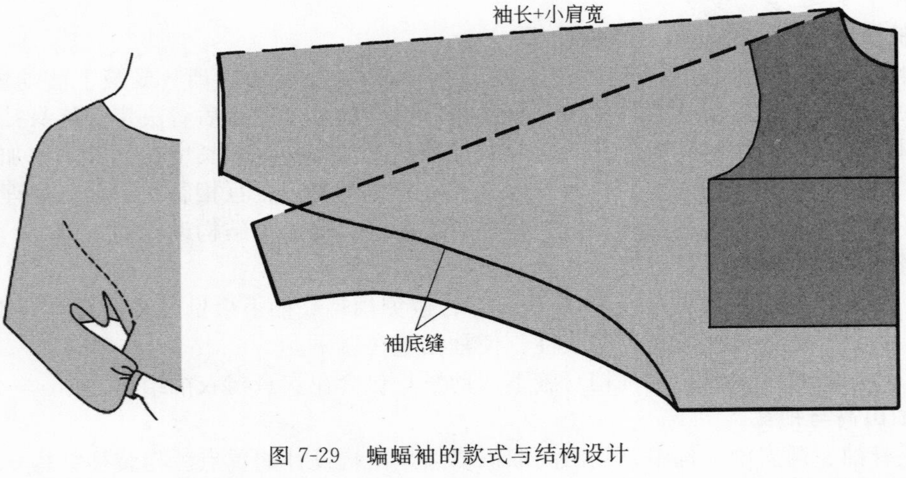


图 7-29 蝙蝠袖的款式与结构设计

（1）款式特点

袖窿深，袖肥宽大，袖口急剧收小，形似蝙蝠的翅膀而得名。手臂下垂时，腋底皱褶较多。

（2）结构要点

① 前后衣片自侧颈点水平（或肩线直接）延长袖长，袖中线 = 袖长 + 小肩宽，依图画出袖口、袖底线和侧缝线。

② 前后袖中线可以拼合，形成单裁片。

**2. 例款二：平连身袖**

（1）款式特点

平连身袖的袖中线倾斜度同蝙蝠袖，便于手臂上下活动，但袖窿深，袖肥较小，腋下没有插角，当手臂下垂时，腋底也有皱褶。

（2）结构要点

平连身袖的结构制图见图 7-30。制图具体步骤如下。

前后衣片自肩线延长袖长，依图画出袖口、袖底线和侧缝线。

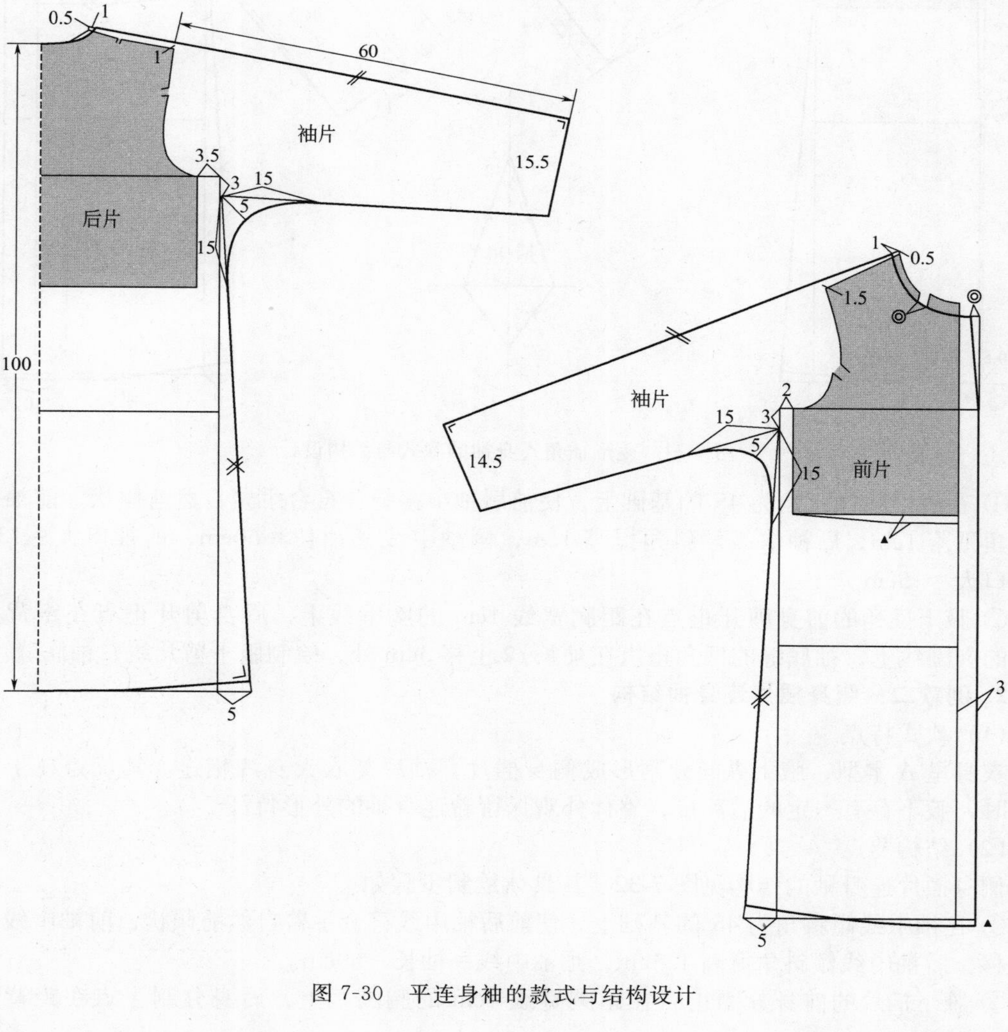


图 7-30　平连身袖的款式与结构设计

（二）合体插角连身袖

合体插角连身袖的袖中线斜度较大，为方便手臂抬举，腋下加入插角片。

**1. 例款一：菱形插角连身袖结构**

（1）款式特点

本款手臂抬举活动方便，腋下加入菱形插角片，是合体连身袖的常见款式。

（2）结构要点

菱形插角连身袖的结构见图 7-31。绘制结构图的具体步骤如下。

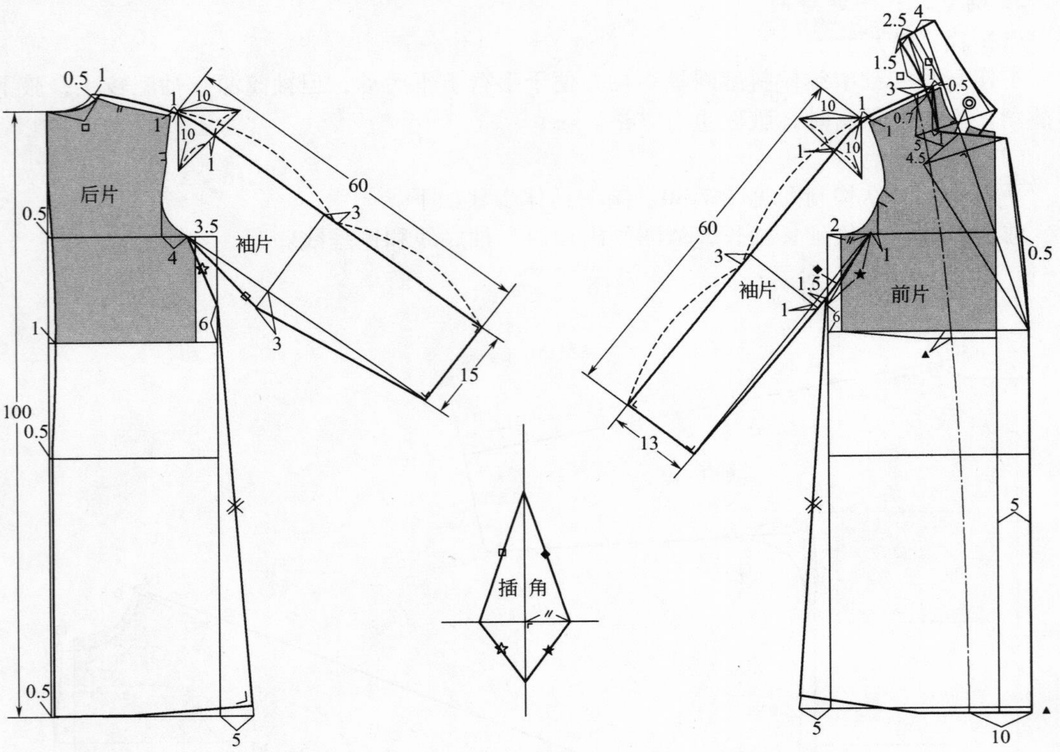


图 7-31　菱形插角连身袖的款式与结构设计

① 在袖中线倾斜角为 45°的基础上，使前后袖中接缝线符合手臂自然前倾状，前袖中线倾斜角下落 1cm，后袖中线倾斜角提高 1cm，画袖中线 = 袖长 = 60cm，前袖口大 = 13cm，后袖口大 = 15cm。

② 腋下插角的前身剪开止点在距胸宽线 1cm 的胸围线上，后身剪开止点在距背宽线 4cm 的胸围线上，袖底缝的插角止点在袖长 /2 上移 3cm 处，绘制腋下剪开线、袖底缝。

**2. 例款二：侧身插片连身袖结构**

（1）款式特点

衣身呈 A 字型，腋下纵向分割形成侧身插片，袖片与衣大身片相连。其优点在于手臂抬高时，腋下存有一定的活动量，整体外观保留着连身袖的外形特征。

（2）结构要点

侧身插片连身袖的结构见图 7-32。其具体绘制步骤如下。

① 在袖中线倾斜角为 45°的基础上，使前后袖中线符合手臂自然前倾状，前袖中线倾斜角不移，后袖中线倾斜角提高 1. 5cm，画袖中线 = 袖长 = 60cm。

② 腋下插片的前身分割止点在距胸宽线 1cm 的胸围线上，后身分割止点在距背宽线

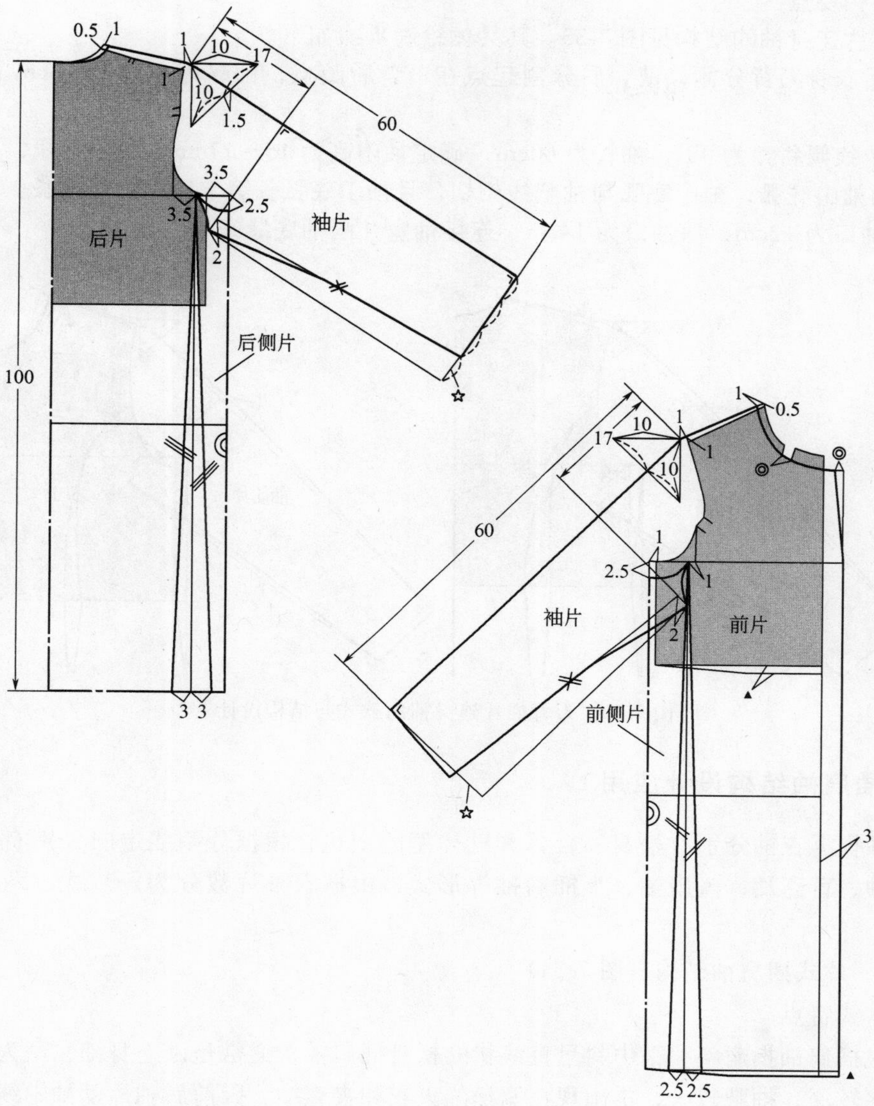


图 7-32　侧身插片连身袖的款式与结构设计

3. 5cm 的胸围线上，袖窿深下落 2. 5cm 左右，画腋底袖窿弧。

③ 后侧身分割增加 6cm 的衣摆量，前侧身分割增加 5cm 的衣摆量，前后侧身以侧缝基线合并，形成侧身插片。

④ 确定袖山高 = 袖窿深×3/4 = 15～17cm，画袖肥线，并影射腋底袖窿弧画袖山底弧，袖山底弧与袖肥线相切，且袖山底弧 = 腋底袖窿弧。

⑤ 根据袖肥大小确定袖口，袖口大 = 袖肥×3/4。

确定袖山高、画袖底弧，要使袖底弧止点在腋下纵向分割线以外。

**3. 例款三：刀背插片连身袖结构**

(1) 款式特点

衣身刀背分割合体型，腋下形成刀背插片，袖片与衣身大片相连。其优点与侧身插片连身袖相同，整体外观保留着连身袖的外形特征。

（2）结构要点

刀背插片连身袖的结构见图 7-33。其具体绘制步骤如下。

① 前后衣身刀背分割，前、后分割起点在前、后腋点，袖窿深下落 2～3cm 画腋底袖窿弧。

② 袖中线倾斜角为 45°，袖长为 60cm，确定袖山高为 15～17cm，画袖肥线，并影射腋底袖窿弧画袖山底弧，袖山底弧与袖肥线相切，且袖山底弧长等于腋底袖窿弧长。

③ 前袖口为 12cm，后袖口为 14cm，连接袖宽并画袖底缝线。

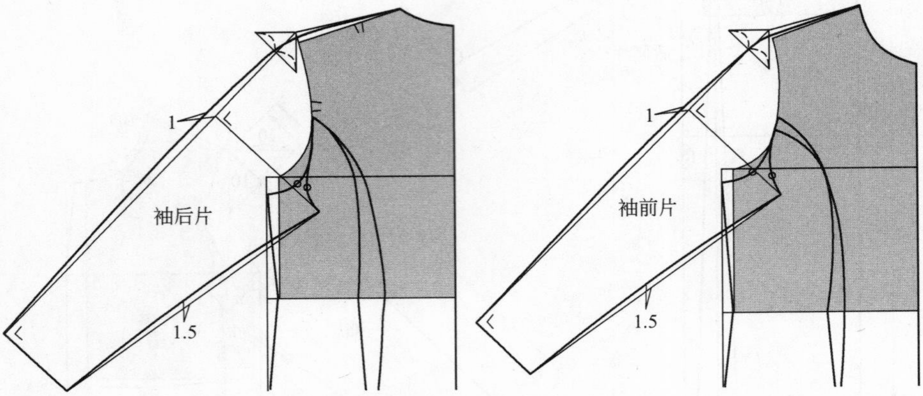


图 7-33　刀背插片连身袖的款式与结构设计

## 三、插肩袖结构设计应用

插肩袖根据衣袖分别有松身、合体和贴体型的变化，根据分割线走向分别有普通插肩袖、肩章袖、育克袖、盖肩袖、半插肩袖等形式；根据衣袖片数分为一片式、两片式和三片式。

（一）一片式插肩袖结构（图 7-34）

（1）款式特点

一片式插肩袖指肩斜和袖中斜呈直线状的松身插肩袖，通常是以连身袖原型为基础的插肩袖。袖窿较深，袖肥较大，常出现在宽松的大衣和夹克中。因前后袖片以袖中线合并，故称一片式插肩袖。

（2）结构要点

一片式插肩袖的结构见图 7-34，其具体绘制步骤如下。

① 整体衣身结构为宽松直筒型，前后肩线抬高 1cm，肩端点放出 1cm，袖窿深下落 4.5cm，延长肩线画袖中线 = 袖长，确定袖口线；在前后领弧线的 1/3 处定为颈部插肩点，修画新袖窿弧。

② 自肩端点沿袖中线取袖山高在 9～11cm，画袖宽线。与袖宽线相切画装袖弧线，装袖底弧线 = 袖窿底弧线，袖口大 = 袖宽 × 2/3。

③ 将前后袖片取出，合并袖中线为一片插肩袖。

（二）两片式插肩袖

两片式插肩袖由于袖中线倾斜角变大，与肩线也呈一定夹角，肩凸造型明显，前后袖中接缝，故称两片插肩袖。它适用较为合体，袖窿不太深的服装结构。

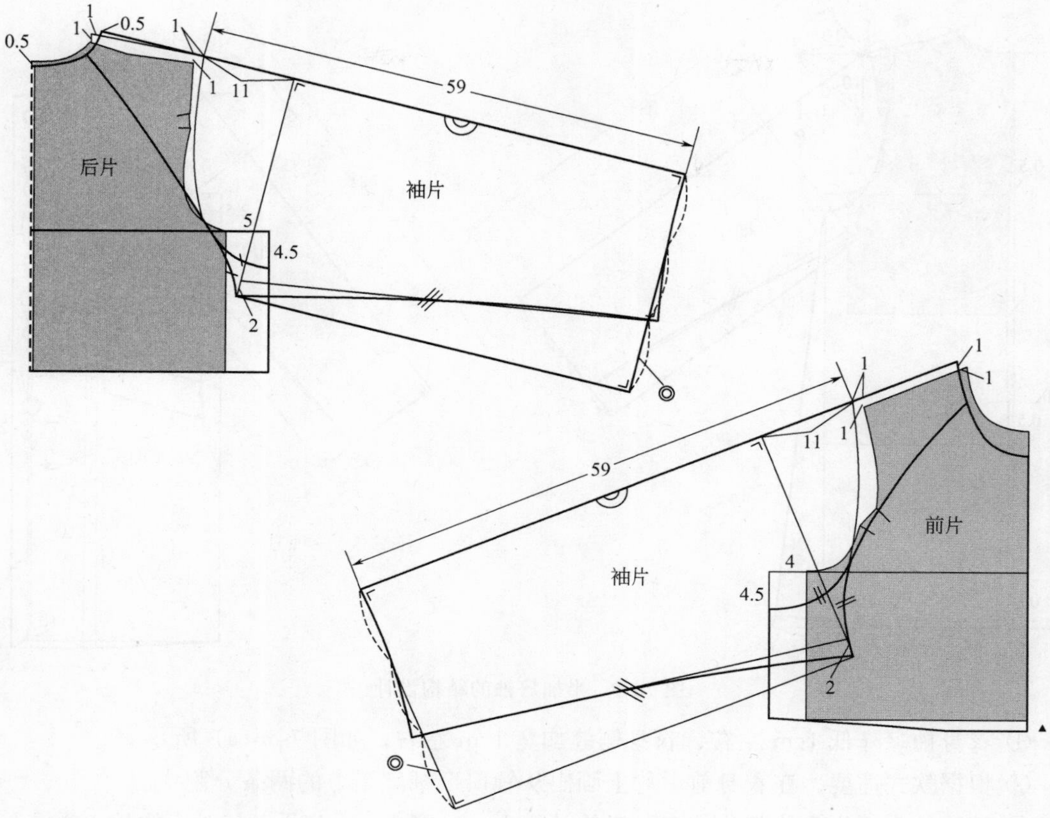


图 7-34　一片式插肩袖的款式与结构设计

**1. 例款一：半插肩袖结构**

(1) 款式特点

半插肩袖是两片插肩袖的款式之一，指分割线指向 1/2 小肩或 1/3 小肩，小肩的部分留在衣身，故称半插肩袖。

(2) 结构要点

半插肩袖结构图见图 7-35，其具体绘制步骤如下。

① 肩线抬高 1cm，肩端点放出 1cm，袖窿深下落 2.5cm，1/2 小肩或 1/3 小肩点为插肩点，修画新袖窿弧。

② 在袖中线倾斜角为 45°基础上，前袖中线倾斜角下移 1cm，后袖中线倾斜角提高 1cm，如图 7-35 所示画袖中线 = 袖长，绘制袖口线。

③ 与袖宽线相切画装袖底弧线，如图 7-35 所示装袖底弧线 = 袖窿底弧线，后袖口大 = 后袖宽×3/4，绘制前后插肩袖的结构。

**2. 例款二：两片插肩袖结构**

(1) 款式特点

基于两片普通插肩袖变化而成，给人以手臂修长且轻松随意的感觉。

(2) 结构要点

两片插肩袖的结构如图 7-36 所示，其绘制的具体步骤如下。

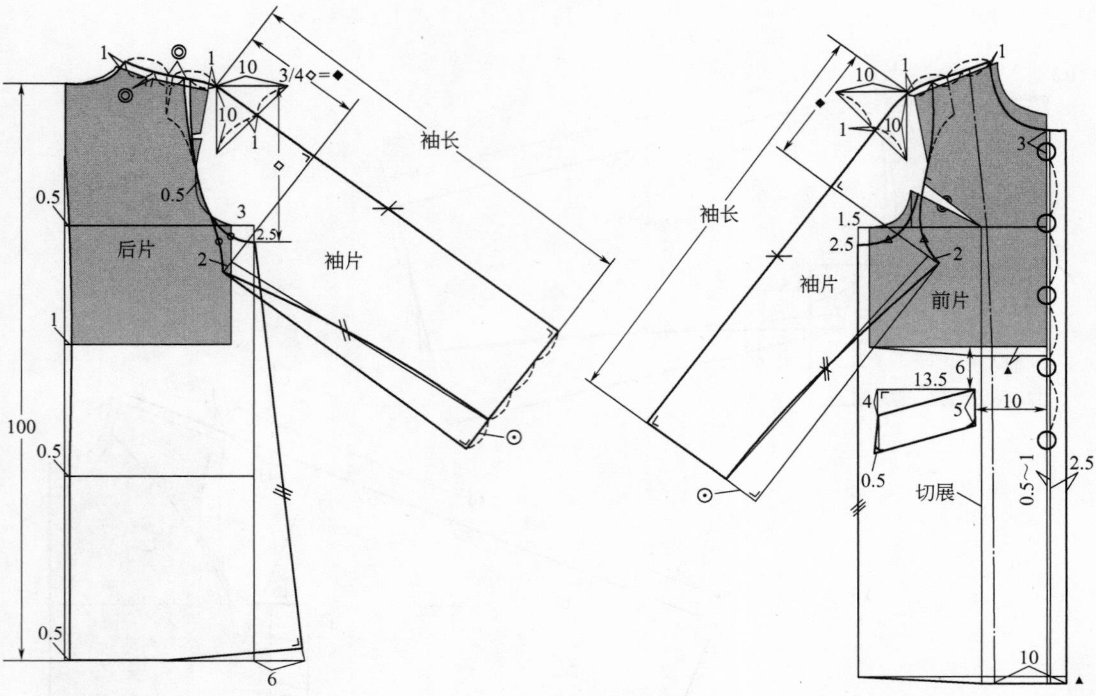


图 7-35　半插肩袖的结构设计

① 衣身袖窿降低 1cm 左右，衣身侧缝加宽 1cm 左右，如图 7-36(a) 所示。

② 根据款式需要，在衣身前后片上画出从领口至袖窿下方的两条分割线。

③ 前后片分割出来的部分放在对应的袖山上，袖窿上 *a*、*b* 两点与对应的袖山重合，如图 7-36(b) 所示。

④ 为符合袖子的形状，*a*、*b* 以下袖窿部分剪开并拉展，与下降 1cm 的袖肥线相交，如图 7-36(c) 所示。

⑤ 画顺袖窿曲线、袖中线、袖缝线，如图 7-36(d) 所示。

**3. 例款三：三片式插肩袖结构**

(1) 款式特点

三片式插肩袖更能突出袖子的立体造型，其袖中线倾斜角更大，肩凸明显，袖身也更加合体、贴身，是适用于合体服装的插肩袖结构。

(2) 结构要点

三片式插肩袖结构如图 7-37 所示，其具体绘制步骤如下。

① 肩线抬高 1cm，肩端点放出 0.5cm，袖窿深下落 1cm，前后领弧线三分之一处为颈部插肩点，修画新袖窿弧。

② 在袖中线倾斜角为 45°的基础上，前袖中线倾斜角下移 2cm，后袖中线倾斜角提高 0.5cm，袖山高 = 袖窿深 × 3/4 = ◇，画插肩袖结构。

③ 根据后身刀背分割点，设后袖片对应的纵向分割线，袖口省在分割线处去掉，画出后袖缝线。

④ 将前袖宽减去○量补于后袖宽，前袖口减去△量补于后袖口，形成小袖片，前袖缝

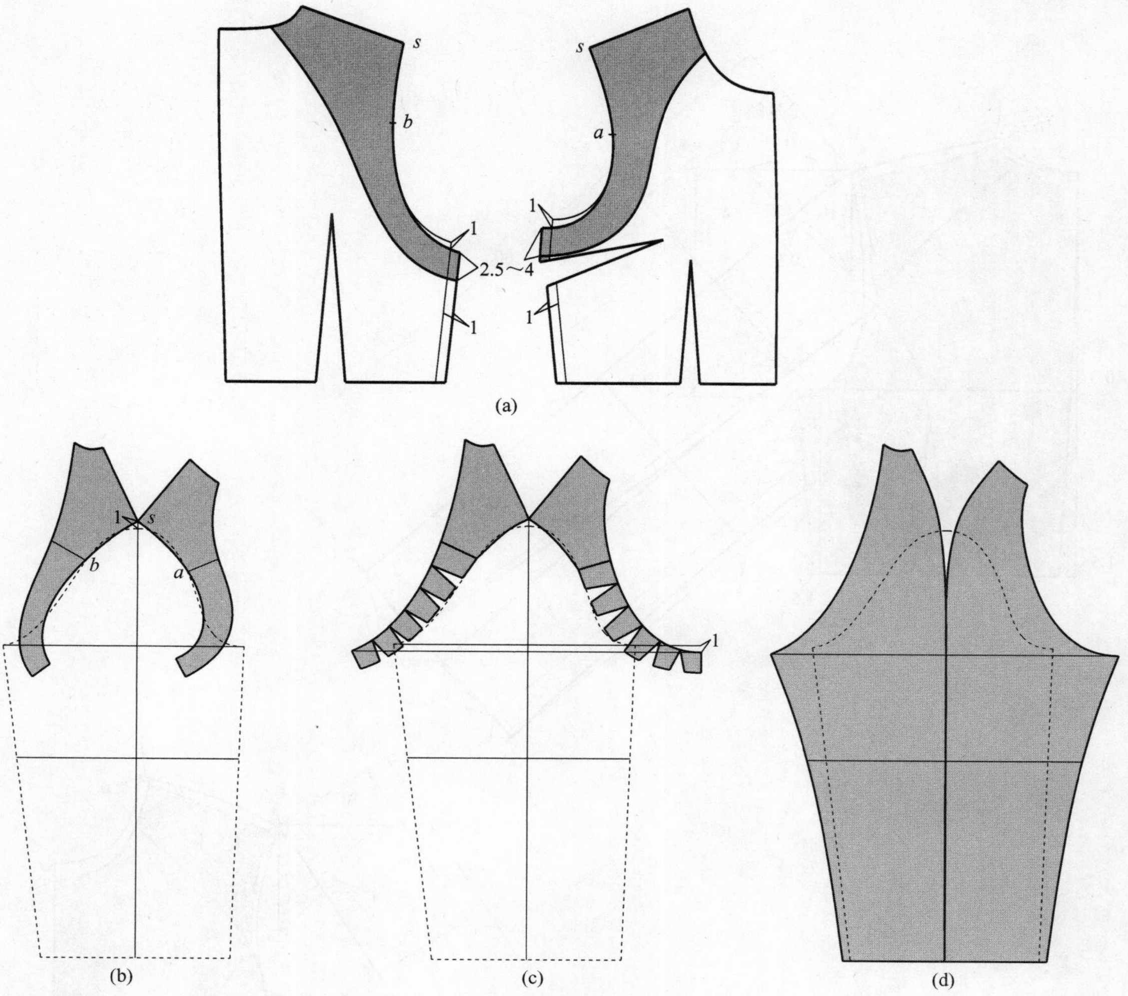


图 7-36　两片低袖窿插肩袖的结构设计

线的袖肘处凹进 1cm，修画前袖缝线。

**4. 例款四：盖肩插肩袖结构**

（1）款式特点

基于合体连身袖结构，经前后腋点设肩胸育克式分割弧线，前后分别形成盖肩育克、衣身和袖片的三片式结构，故称盖肩插肩袖。

（2）结构要点

盖肩插肩袖的结构如图 7-38 所示，其具体的绘制步骤如下。

① 袖中线倾斜角为 45°，袖中线 = 袖长 = 60cm，袖山高在 15～17cm，画袖宽线、袖口线。

② 袖窿深下落 2～3cm，前、后腋点为分割线基点，画腋底袖窿弧。

③ 影射腋底袖窿弧与袖宽线相切画袖山底弧，且袖山底弧等于腋底袖窿弧，并经前、后腋点和 1/3 袖山高点，画盖肩育克分割弧线。

④ 前袖口为 12cm，后袖口为 14cm，连接袖宽并画袖底缝线。

⑤ 可将前后袖片取出，合并袖中线为一片袖。

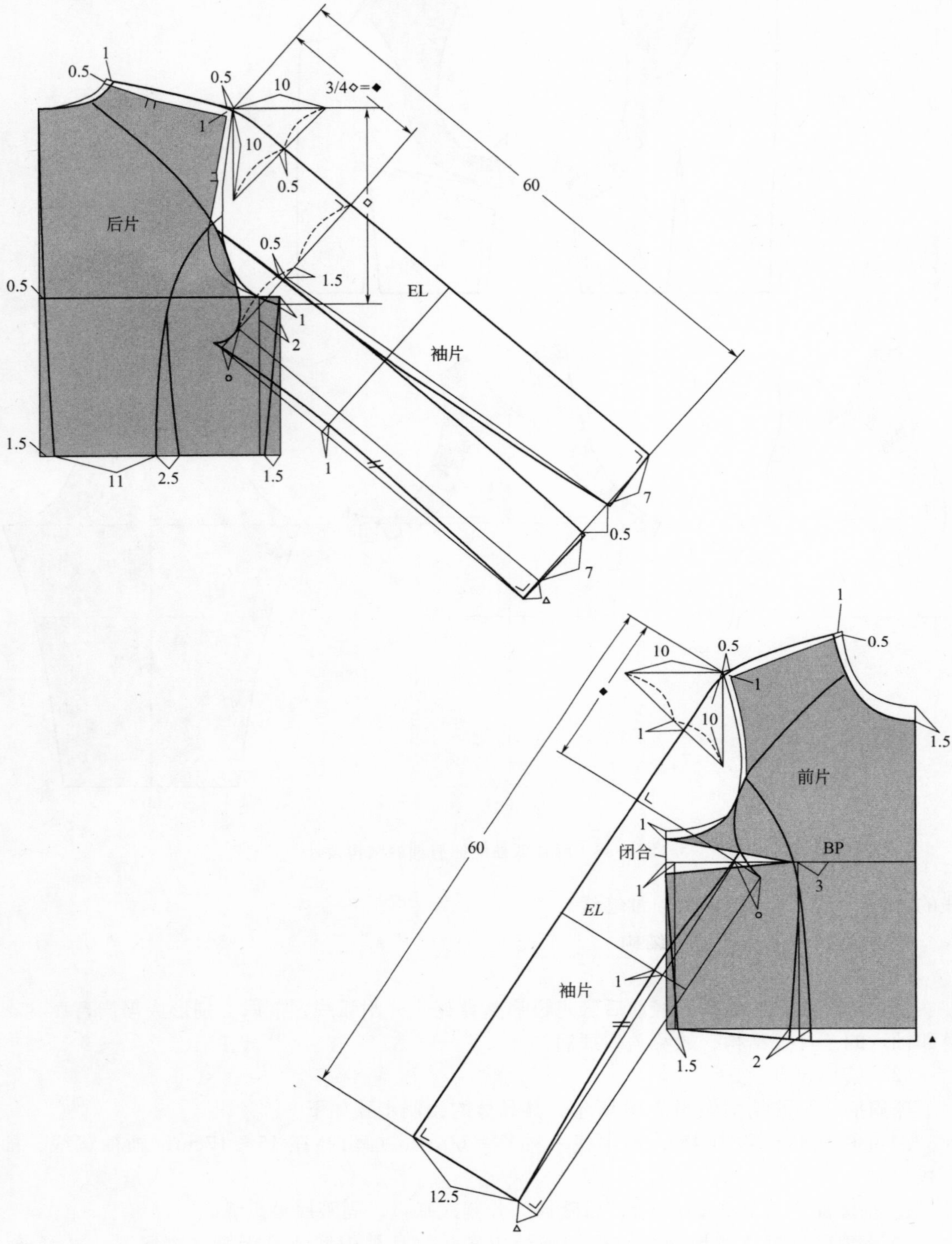


图 7-37　三片式插肩袖的结构设计

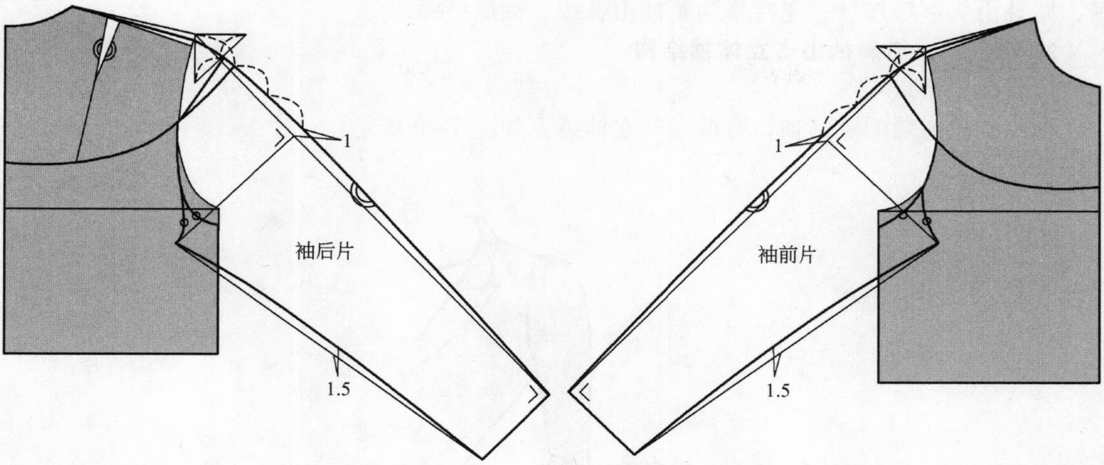


图 7-38　盖肩插肩袖的结构设计

## 第四节　时尚袖型结构设计

近年来，时尚女装在肩袖的造型与结构上有了新设计，即各种耸肩泡袖造型。

**1. 例款一：羊腿袖结构**

羊腿袖的款式与结构如图 7-39 所示。

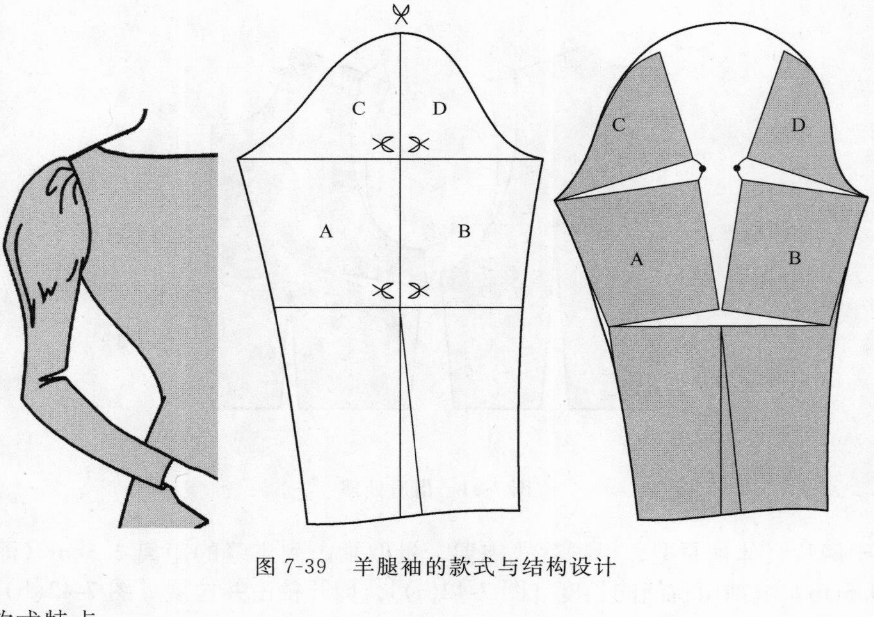


图 7-39　羊腿袖的款式与结构设计

（1）款式特点

长袖，袖头皱褶，袖子上臂部分泡隆，袖子前臂部分收小贴臂，形似羊腿。

（2）结构要点

① 基于一片合体袖，袖肥线、袖肘线及肘线上的袖中线为剪展线。

② 将肘线上的袖中线、袖肥线、袖肘线依次剪开，袖肘线、袖肥线处拉展并抬高一定量，则袖山头顺势加量，连接修画新袖山弧线、袖底缝线。

**2. 例款二：借肩袖山省立体袖结构**

(1) 款式特点

袖山加入省缝的装饰袖，有很强的立体感，如图 7-40 所示。

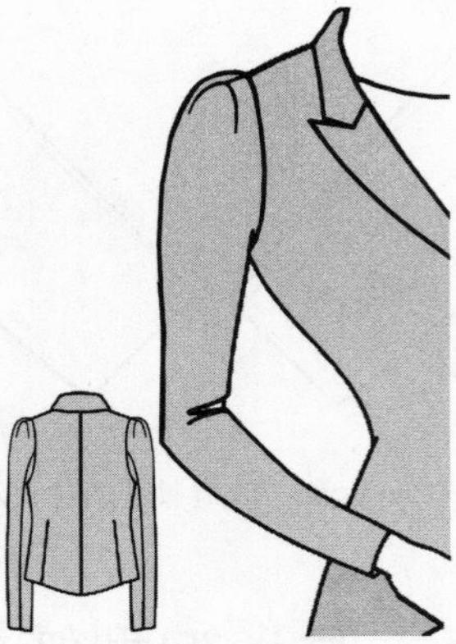

图 7-40 借肩袖山省立体袖的款式图

(2) 结构要点

① 基于衣身袖窿，借肩 3cm（图 7-41）。

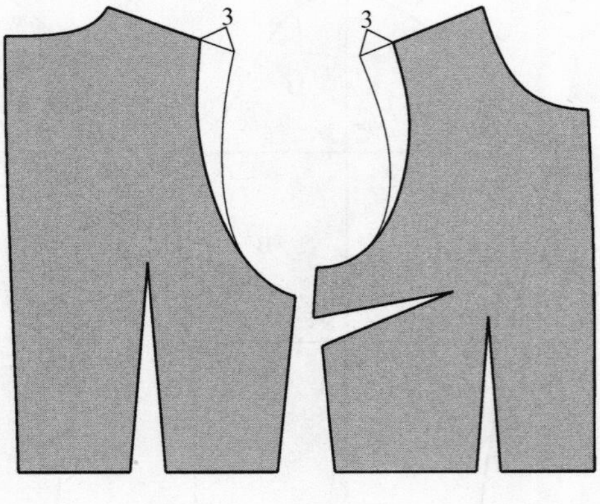


图 7-41 借肩处理

② 基于两片合体袖原型，根据款式需要，量取袖山到省缝的距离 3. 5cm（即衣身借肩量 3cm + 0. 5cm）及袖山省缝的长度［图 7-42(a)］，剪开袖山并拉展［图 7-42(b)］，拉展量由款式决定，画顺展开曲线［图 7-42(c)］。

③ 将大袖袖中线剪开拉展 5cm 左右，拉展的量用来补偿衣身胸、背宽减少的量，袖山头向上抬升 3. 5cm，以补偿原袖山减掉的尺寸，依次连接修画袖山头及大袖前后袖缝［图 7-42(d)、(e)］。

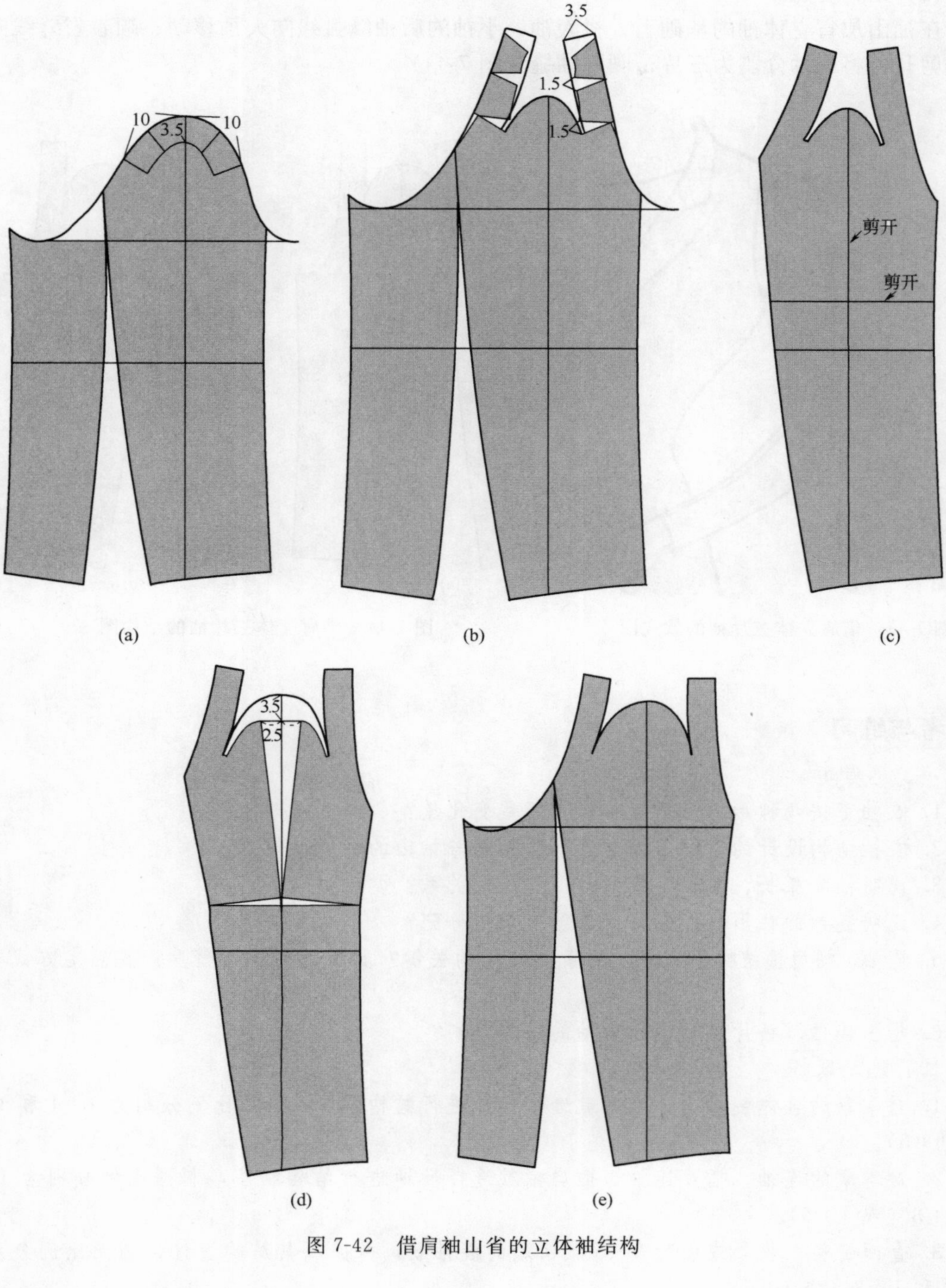


图 7-42　借肩袖山省的立体袖结构

**3. 例款三：借肩立体三片袖结构**

（1）款式特点

袖子前后各有一条分割线，从袖山延伸至袖口，有强烈的立体装饰效果（图 7-43）。

（2）结构要点

在袖山加省立体袖的基础上，将大袖、小袖的后袖缝弧线向大袖移动，顺着省缝线向袖口线剪开，将衣袖分割为三片，画顺袖缝（图 7-44）。

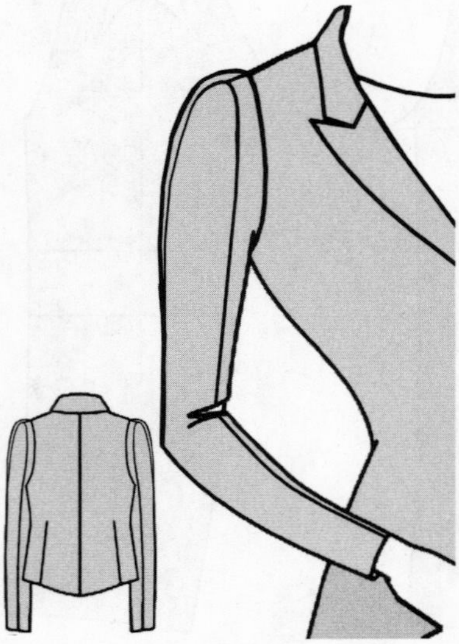

图 7-43 借肩立体三片袖的款式图

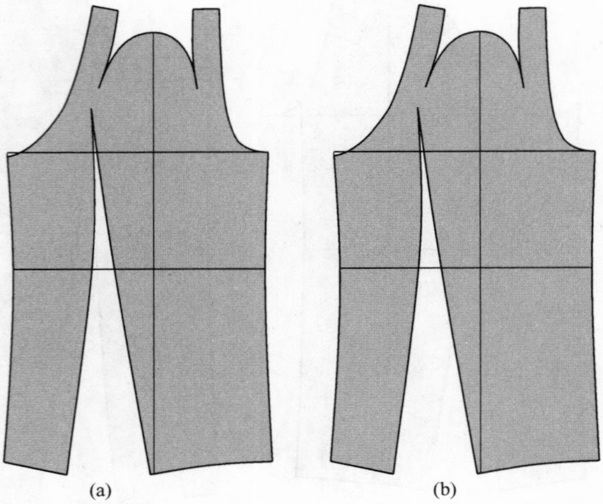


图 7-44 借肩立体三片袖的结构图

## 思考与练习

一、思考题

1. 衣袖可按几种形式分类？各类有哪些变化款？

2. 衣袖结构设计的关键因素有哪些？袖肥与袖山的关系如何？

3. 说明袖窿弧长、袖山斜线与袖山弧长的关系？

4. 说明装袖的袖山吃势量如何取值？如何分配？

5. 连袖、插肩袖结构中，什么因素是结构的关键？其常见变化有哪些？其确定方式有哪几种？

6. 指出连袖、插片连袖、插肩袖的结构差别？

二、练习题

1. 对本章的合体装袖、造型袖款选择性地进行结构制图，制图比例分别为 1∶1 和 1∶3（或 1∶5）。

2. 对本章的连袖、插片连袖、插肩袖款选择性地进行结构制图，制图比例分别为 1∶1 和 1∶3（或 1∶5）。

3. 查阅资料，收集或设计 3～5 款新颖的装袖款，并完成其结构设计，制图比例分别为 1∶1 和 1∶3（或 1∶5）。

4. 查阅资料，收集或设计 3～5 款连袖与插片连袖的变化款，并完成其结构设计，制图比例分别为 1∶1 和 1∶3（或 1∶5）。

5. 查阅资料，收集或设计3～5款插肩袖变化款，并完成其结构设计，制图比例分别为1∶1和1∶3（或1∶5）。

6. 查阅资料，收集或设计3～5款创意袖款，并完成其结构设计，制图比例分别为1∶1和1∶3（或1∶5）。

## 参 考 文 献

[1] 袁慧芬，陈明艳．服装构成原理［M］．北京：北京理工大学出版社，2010.

[2] ［日］文化服装学院．张祖芳等译．服饰造型讲座．①、②、③、④、⑤［M］．上海：东华大学出版社，2005.

[3] 张文斌．成衣工艺学［M］．北京：中国纺织出版社，2008.

[4] 张文斌．服装结构设计［M］．北京：中国纺织出版社，2006.

[5] 张文斌．服装工艺学（结构设计分册）［M］．北京：中国纺织出版社，2008.

[6] 刘瑞璞．服装纸样设计原理与应用·女装编［M］．北京：中国纺织出版社，2008.

[7] 魏静．服装结构设计（上册）［M］．北京：高等教育出版社，2006.

[8] 陈明艳．裤子结构设计与纸样［M］．上海：东华大学出版社，2009.

[9] 张向辉，于晓坤．女装结构设计（上）［M］．上海：东华大学出版社，2009.

[10] 章永红，等．女装结构设计（上）［M］．杭州：浙江大学出版社，2005.

[11] 阎玉秀，等．女装结构设计（下）［M］．杭州：浙江大学出版社，2005.

[12] ［日］中泽愈，袁观洛译．人体与服装［M］．北京：中国纺织出版社，2000.

[13] 杜劲松．女装平面结构设计［M］．北京：中国纺织出版社，2008.

[14] 周邦桢．高档女装结构设计制图［M］．北京：中国纺织出版社，2001.

[15] 吴经熊，吴颖．最新时装配领技术［M］．上海：上海科学技术出版社，2001.

[16] 戴鸿．服装号型标准及其应用［M］．北京：中国纺织出版社，2003.

[17] ［日］三吉满智子主编，郑嵘等译．服装造型学理论篇［M］．北京：中国纺织出版社，2006.